JN059569

ラズベリー・パイ

Raspberry Pi
+ AI 電子工作 超 入門

吉田顕一 著

実践編

IoT（Internet of Things：モノのインターネット化）、AI（Artificial Intelligence：人工知能）という言葉が、巷でも頻繁に使われるようになって、すっかり定着した感があります。

AlexaやGoogle Homeなどのスマートスピーカーは、家庭内に普及し、小型の自動翻訳機も一般的になってきました。また、オリンピックを契機として自動での顔認証や、コロナ禍における各種センサーを使った発熱や健康状況を判別するデバイスも、街中いたる所で見られるようになりました。

そのような実用化されつつある最新のテクノロジーも、最初はプロトタイピング（試用、実験的）を通して開発されたものがほとんどです。

2012年にラズベリーパイ財団から提供を開始したシングルボード・コンピュータの「Raspberry Pi」は、今日までに4000万台以上が出荷されプロトタイプ作りの定番になっています。本書執筆時点ではRaspberry Pi 4 Model Bがメインのボードとなり、キーボード込みのRaspberry Pi 400や最軽量のRaspberry Pi Picoなどの新製品も出ています。

またGoogleやMicrosoftなどが、自社リソースを活用したAIを、Raspberry Piで使用できるように、APIやライブラリを外部にオープンな形で公開してくれています。

本書はそのようなRaspberry PiとAIを使って、実際に世の中で使われ始めているAIデバイスを、自分の手で簡易的に作れるような実用書になっています。

Chapter 1、Chapter 2ではRaspberry Piの概要とAIとの関係、そして電子工作の基本をおさえています。Chapter 3ではAmazonのスマートスピーカーのAlexaを手作りしてみます。Chapter 4では腕時計型のウェアラブル翻訳デバイスを作ります。Chapter 5では顔、表情検知を行って、個人に合わせたデジタルサイネージのような機械を作成します。そしてChapter 6では二足歩行し、おしゃべり、物、顔の検知などを行うロボット作りに挑戦していきます。

世の中で実装されていくIoTやAIを、安価、手軽に手に入るRaspberry PiとオープンなAIを使って、自分で実際作成してみることによって、その流れを実感していってもらえればと思います。

2021年10月
吉田顕一

CONTENTS

おしゃべり二足歩行ロボットの作成 ……… 191

本書の使い方

　本書の使い方について解説します。本文中で紹介しているサンプルプログラムや設定ファイルの場所、また配線図の見方などについても紹介します。

プログラムコードで特に解説するべき箇所には丸数字（①②など）を記載し、本文中で対応する番号の箇所について解説します。

注意すべき点やTIPS的情報などを囲み記事で適宜解説しています。

● プログラムなどのファイル名や改行に関する見方

UIManager.cpp

```
#include <sstream>

#include <wiringPi.h>  ①
#include <cstdlib>  ②

#include "SampleApp/UIManager.h"

...

void UIManager::printWelcomeScreen() {
    digitalWrite(16, LOW);  ③
    m_executor.submit([]() { ConsolePrinter⤸
:: simplePrint(ALEXA_WELCOME_MESSAGE);
  });
}
```

……サンプルプログラムや設定ファイルなどの編集をする場合は、ここにファイル名を記載しています。サポートページ（288ページ参照）でダウンロード提供する場合は、このファイル名で収録しています。

……プログラムの追記・修正部分は、水色で表示しています。

……紙面の都合上、一行で表示できないプログラムに関しては、行末に⤸を付けて、次の行と論理的に同じ行であることを表しています。

● 配線図の見方

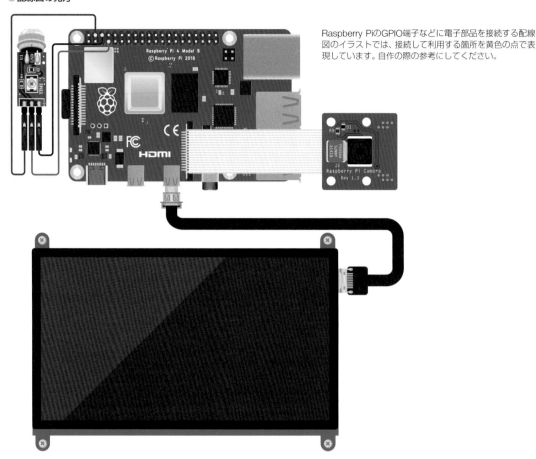

Raspberry PiのGPIO端子などに電子部品を接続する配線図のイラストでは、接続して利用する箇所を黄色の点で表現しています。自作の際の参考にしてください。

注意事項

● 本書の内容は2021年10月の原稿執筆時点での情報であり、予告なく変更されることがあります。特に電子部品に関しては、生産終了などによって取り扱いが無くなることが予想されますので、あくまで執筆時点の参考情報であることをご了承ください。また、本書に記載されたソフトウェアのバージョン、ハードウェアのリビジョン、URL、それにともなう画面イメージなどは原稿執筆時点のものであり、予告なく変更される場合があります。

● 本書の内容の操作によって生じた損害、および本書の内容に基づく運用の結果生じたいかなる損害につきましても著者および監修者、株式会社ソーテック社、ソフトウェア・ハードウェアの開発者および開発元、ならびに販売者は一切の責任を負いません。あらかじめご了承ください。

● 本書の制作にあたっては、正確な記述に努めていますが、内容に誤りや不正確な記述がある場合も、当社は一切責任を負いません。また著者、監修者、出版社、開発元のいずれも一切サポートを行わないものとします。

● サンプルコードの著作権は全て著者にあります。本サンプルを著者、株式会社ソーテック社の許可なく二次使用、複製、販売することを禁止します。

● サンプルデータをダウンロードして利用する権利は、本書の読者のみに限ります。本書を閲読しないでサンプルデータのみを利用することは固く禁止します。

Chapter 1

Raspberry PiとAI

IoT（モノのインターネット化）、Maker Movement（市井のメイカーのものづくりの潮流）の旗手となったRaspberry Piに関して、「Raspberry Piとは何なのか」から始まり、「Raspberry PiとAI」、「AIを使ったサービス例」などに関してまとめます。

Raspberry Piとは

そもそもRaspberry Pi って何でしょう？　愛らしいフルーツのロゴと、手のひらサイズの基盤が目印ですが、その概略、特徴、各ボードについて簡単におさらいします。

▶ 世界中の人が利用する安価で便利なワンボードコンピュータ

Raspberry Piは、2012 年にイギリスのRaspberry Pi Foundationによって、教育目的で開発されたワンボードコンピュータです。$30 程度の低価格と、便利なライブラリ、そして世界中の人が多くの作例をインターネットで共有したことにより、一躍IoT 時代の代表的なプラットフォームとなりました。

● Raspberry Pi Foundationのサイトより (https://www.raspberrypi.org/)

　Raspberry Piは、2012年発売初日に10万台以上が販売され、2016年時点で1,000万台、2018年には2,000万台以上が出荷されるなど、メイカームーブメントやIoTの中心的存在としてすっかり定着しました。

　ちなみに「ラズベリーパイ」の名前の由来は、Appleなどのコンピュータ名に果物の名前が多かったので、ラズベリーと名付けられたそうです。さらに、標準のプログラミング言語「Python」からパイをいただき、Raspberry Piとなったのが有力な説です。ロゴも可愛らしく、子ども達の教育にもピッタリのネーミングですね！

》 Raspberry Piの種類

　年を追うごとに進化してきたRaspberry Piですが、Raspberry Pi Foundationのページを見ると、このように数多くのボードがあり、使い方に迷ってしまうかもしれません。

●Raspberry Piの各ボード（https://www.raspberrypi.org/products/）

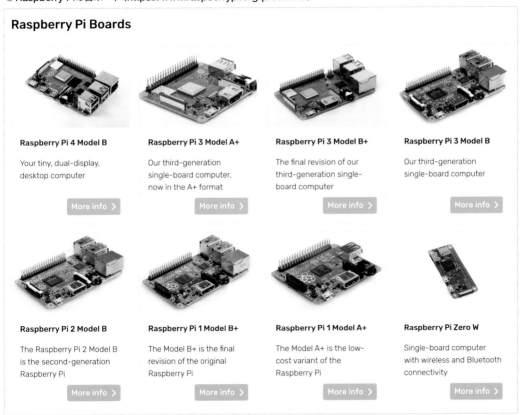

　次ページに代表的なボードのスペックをまとめます。その中でも中心となるのは、大きく分けて2つの系統です。1つはフルサイズの「Model B」系統で、2019年に最速の**Raspberry Pi 4**が発売されました。もう1つはそれを小型化した「Zero」系統で、Wi-FiやBluetoothなど無線機能も搭載した小型の**Raspberry Pi Zero W**などがあります。

ボード名	発売年	CPU	メモリ	特徴	参考価格
Raspberry Pi 1 Model B	2012年	700MHz シングルコア	256 MB	Raspberry Piの初号機	$35程度
Raspberry Pi 2 Model B	2015年	900MHz クアッドコア	512 MB	Raspberry Pi 2でパフォーマンスが向上し、一般にも使われるようになった	$35程度
Raspberry Pi 3 Model B+	2018年	1.4GHz クアッドコア	1 GB	Wi-Fi、Bluetoothがビルトインされるようになった	$35程度
Raspberry Pi 4 Model B	2019年	1.5GHz クアッドコア	1, 2, 4GB	2020年時点で最新のRaspberry Pi 大容量メモリが選択でき、USB Type-CやMicro HDMIをサポート	$35程度
Raspberry Pi Zero W	2017年	1Hz クアッドコア	512 MB	超小型ながらWi-FiやBluetoothもサポート	$10程度

　本書では、基本的に**Raspberry Pi 4 Model B**を使い、小型の電子工作を行う場合は**Raspberry Pi Zero W**を使います。AI機能を充分に活用するためには、大きなメモリ（4GB／8GB）が選べてAIなどの複雑な処理に適しているRaspberry Pi 4 Model Bが最適です。

　以降、基本的には「Raspberry Pi」と記述している部分はRaspberry Pi 4 Model Bを指します。必要に応じて小型のRaspberry Pi Zero Wを使っていきます。

●**Raspberry Pi 4 Model B（4GB）とRaspberry Pi Zero W**

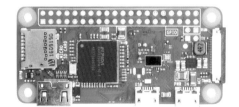

Section
1-2
Raspberry Piの基本構成

Raspberry Piのハードウェアとしての基本構成と、電子工作を行うために必要な部品などをまとめます。本書では以後、これらの部品を前提に作っていきます。

▶ Raspberry Piの基本構成

まずRaspberry Piの基本部分の名称、機能を解説します。

Raspberry Pi 4 Model Bは、従来のRaspberry Pi 3と比べてCPUが1.5GHzと高速で、搭載メモリが選択できるようになったことが大きな変更点です。メモリは、これまでのRaspberry Pi 3と同様の1GBのほか、2GB、4GB、8GB版が販売されています（執筆時点、主に販売されているのは4GB／8GB）。メモリの増量は、Raspberry PiをAIなどの**エッジ・コンピューティング**（デバイス自身で演算処理などを行うこと）に使用する傾向が増えてきたことに応えたものと思われます。

ほかに、Raspberry Pi 4 Model BではBluetooth性能の向上やUSB3.0ポートが2つ搭載されました。映像出力用のHDMIがマイクロ端子2つになり、4Kのディスプレイ2つに出力できるようになりました。給電用のUSB接続がType-Cになり、昨今のMacなどの接続環境と近い形になりました。

Raspberry Pi Zero Wは、1GhzのシングルコアCPUにBluetoothやWi-Fi機能を搭載した小型モデルです。Raspberry Pi 4と比べると機能的には制約がありますが、非常に小さく消費電力も少ないながら電子工作もでき、さらにパソコンとしても利用できるモデルです。

》 Raspberry Piの各部説明

●Raspberry Pi 4 Model Bの各部名称

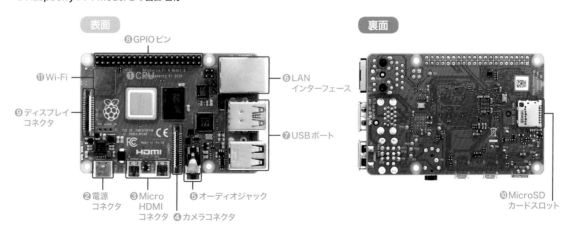

●**Raspberry Pi Zero Wの各部名称**

❶ **CPU**

Raspberry Piの心臓部、CPUとしてARMプロセッサーが配置されています。この部分は**System on Chip**（**SoC**）と呼ばれていて、CPU、メモリ、コントローラーなどが1つにまとまったチップセットです。Raspberry Pi 4は1.5GHzのクアッドコアCPU、Raspberry Pi Zero Wは1GHzのシングルコアCPUが使われています。

❷ **電源コネクタ**

電源コネクタです。ここに電源アダプターからUSBケーブルを介して給電します。Raspberry Pi 4はUSB Type-C、Raspberry Pi Zero WはmicroUSBコネクタです。

❸ **HDMIコネクタ**

Raspberry Piにはディスプレイがないので、HDMI対応のテレビやディスプレイにつないで画面を出力します。Raspberry Pi 4はMicro HDMI、Raspberry Pi Zero Wはmini HDMI（HDMIミニ）端子が使われているので、使用するケーブルの種類に注意してください。Raspberry Pi 4は2つのディスプレイに出力できます。

❹ **カメラコネクタ**

CSI（Camera Serial Interface）に対応したカメラモジュールを接続できます。Raspberry Pi財団からオフィシャルカメラが販売されているほか、サードパーティからも互換カメラが販売されています。

❺ **オーディオジャック**

3.5mmプラグが挿せるオーディオ出力端子です（Raspberry Pi Zero Wにはありません）。

❻ **LANインターフェース**

100Mbpsの有線ネットワークにつなぐことができます（Raspberry Pi Zero Wにはありません）。

❼ **USBポート**

Raspberry Pi 4はUSB 2.0規格のポートが2つ、3.0規格のポートが2つ、合計4つのUSBポートがあります。Raspberry Pi Zero WはmicroUSBポートが1つなので、USB機器を使う場合はUSBハブをつなぐといいでしょう。マウス・キーボードや、外部ストレージなどを接続して使用できます。

❽ **GPIOピン**

GPIO（General Purpose Input Output）と呼ばれるデジタル入出力などを行う端子です。ここにセンサーなどを接続してデータのやり取りを行って制御し、電子工作ができます。Raspberry Pi Zero Wにはピンヘッダがないので、自分でハンダ付けする必要があります（ピンヘッダを装着したRaspberry Pi Zero WHもあります）。

❾ **ディスプレイコネクタ**

DSI（Display Serial Interface）接続が可能なディスプレイに接続できます（Raspberry Pi Zero Wにはありません）。

⑩ MicroSDカードスロット

MicroSDカードを差し込めるスロットです。SDカードにOSをインストールし、Raspberry Piを起動します。なお64GB以上のSDカード（SDXC）を使用する場合は、パソコン側のカードリーダーの対応状況など注意が必要です。

⑪ 無線（Wi-Fi、Bluetooth）

2.4 GHz・5 GHz接続のWi-Fi（Raspberry Pi Zero Wは2.4GHz）やBluetooth 5.0（Raspberry Pi Zero WはBluetooth 4.1）に対応した無線チップセットが使用されています。

》 Raspberry Piを使い始めるのに必要な部品

Raspberry Piをセットアップするために必要なものを確認します。最低限必要なものは次のような部品です。

● Raspberry Piのセットアップに必要なもの

必要なもの	説明
Raspberry Pi本体	Raspberry Pi 4 Model B ／ Raspberry Pi Zero W
Micro SDカード	16GB以上推奨
USB電源ケーブル	Raspberry Pi 4はUSB Type-C、Raspberry Pi Zero WはMicro USB端子です。
HDMIケーブル	Raspberry Pi 4はmicro HDMI、Raspberry Pi Zero Wはmini HDMIです。HDMI接続できるディスプレイやテレビなども必要です。
Raspberry Pi用ケース	各種ありますが、セットアップ時点ではなくても構いません。
USBキーボード・マウスまたは無線キーボード	セットアップ時はキーボード・マウスが必要です。セットアップ後は基本的にパソコンからリモート操作します。
パソコンやMacなどのコンピュータ	リモート接続して、パソコンからラズパイを操ることができます。慣れてくるとほとんどパソコンからの作業になります。

Raspberry Pi本体とMicro SDカード

Raspberry Piは、OSやファームウェアなどをMicro SDカードにインストールして使います。

● Raspberry Pi 4とMicro SDカード

Raspberry Piの電源と画像出力

Raspberry Piの電源はUSB（Raspberry Pi 4はType-C、Raspberry Pi Zero WはMicro USB）、画像出力はHDMI（Raspberry Pi 4はMicro HDMI、Raspberry Pi Zero Wはmini HDMI）から行います。

● **Raspberry Pi 4にUSB電源、HDMIケーブルをつないだ様子**

キーボード、マウス、ディスプレイ

Raspberry Piにはキーボードやマウスも付いていないので、外付けのものを使います。キーボード、マウスはUSB経由や、ワイヤレス接続のものを接続してください。

ここまでに用意したものとHDMI接続ディスプレイをつなげれば、Raspberry Piを使い始めることができます。

● **ディスプレイをつないだRaspberry Pi 4**

**Section
1-3** ▶ ## Raspberry PiとAI

Raspberry Piを使用して、AI（Artificial Intelligence）をあつかうことができるのでしょうか？　ここでは
クラウドやエッジのAIの概略を説明します。またRaspberry Piで使用することができるAI技術の例をまと
めます。

▶ AIとは

　AI（Artificial Intelligence）とは、広義で人間の知性を模した**人工知能**と訳され、脳の働きをコンピュータで人
工的に作るような技術全般を表します。AIの意味するところ、カバーされる範囲は広大で、それだけで本が何冊
も書けてしまう深遠なテーマです。

　本書であつかうAIは、比較的簡易に人間の幾つかの機能をハードウェアとソフトウェアで代替するようなもの
を目指します。いわゆる人工知能の全てをカバーする**汎用AI**ではなく、機能を絞った**特定AI**に当たります。

　具体的には、目の役割として「そこに写っているものが何であるか判別する」、また、耳の役割として「人が話
したことを文字情報に置き換えて内容を把握する」、「その返答を音声で発する」ことや、「日本語から英語などの
外国語に翻訳する」などといった機能を指します。

　これらは人間の器官や脳が行っているごく一部に過ぎませんが、コンピュータの発達、カメラやセンサーの高
度化、そして機械学習やクラウド技術の急速な発展で、驚くほど簡単で安価にそれを実現できるようになってき
ています。

▶ 本書でのAIの位置付け

　前述のように、本書では人間の特定の機能を代替する特定AIをあつかいます。本書で対応するAIにより、次の
ような処理ができることを目指します。

物体認識（Object Recognition）

　そこにある物体が何であるか判別します（静物画を見て、そこに「花」が写っているかどうかなどを認識）。

文字認識（Optical Character Reader/OCR）

　そこに写っている文字を読みます（画像中の文字を認識して、それをテキストにします）。

音声認識（Speech to Text）

音を聞いて、それを文字に起こします（「てんきおしえて」という音声を聞いて「天気教えて」というテキストに変換します）。

自動翻訳（Translation）

ある言語（例えば日本語）から他の言語（例えば英語）に翻訳します（「天気教えて」から「What's the weather?」に翻訳）。

アシスタント機能（Assistant）

質問に対して辞書、インターネットの情報などから最適な応答を導きます（「天気教えて」という問い掛けに対し、天気予報サービスを参照して「予報は晴れです」などの応答を得る）。

人工音声（Text to Speech）

人間のような声で発話します（「予報は晴れです」というテキストから、「よほうは、はれ、です」という音声を発する）。

● 人間の目、耳、口などを代替する機能の説明

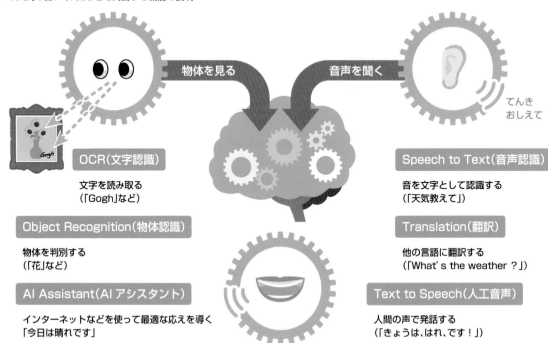

▶ Raspberry PiでのAI

Raspberry Piで利用できるカメラやマイク、スピーカーが多く販売されており、それらを用いれば画像、音声、発話などができます。それにより人間の見ること、聞くこと、および話すことを代替できるのです。

またRaspberry Piで標準プログラムとなっているPythonは、AI開発でもほぼスタンダードなプログラム言語で、さまざまなライブラリが用意されています。それにより、画像認識や音声認識、そして自動翻訳などがRaspberry Piで行えるのです。

● **Raspberry PiでAIを実現するためのデバイス例**

目の役割をするカメラ

Raspberry Pi

計算処理を行うCPUと
Pythonなどで構築された
AiライブラリAI

感覚の役割をする
センサー

口の役割をする
スピーカー

耳の役割をする
マイク

AIをあつかったライブラリ、プログラムと言っても、膨大なコンピュータ・リソースを必要とする本格的なものから、外部のサービスを呼び出すだけで使えるものまで幅広くあります。AIの利用の中では大きく「**クラウド型API**」と「**ローカルAI（エッジAI）**」という区分けがあります。

》 クラウド型API

Googleや**Amazon**などの大手IT企業から、AIに関する数多くの**API**（Application Program Interface）がRaspberry Pi用にリリースされています。それらのプログラムはクラウド上にあり、Google Cloud上の**Vision API**（画像認識）や**Translate**（自動翻訳）などがそれに当たります。

　数行のプログラムを書くだけでAPIを呼び出せるようになっていて、AIの入門編として手軽に始められます。またAIで膨大な計算処理が必要な機械学習部分を、強力なクラウド上のコンピュータで行ってくれます。計算リソースが限られるRaspberry Piでは、この計算結果を受けて比較的軽い判別処理を行うことにより、驚くようなAI機能を実現できます。

　本書ではこのクラウド上のAPIをメインに使って、電子工作を行っていきます。

●クラウド型APIイメージ図

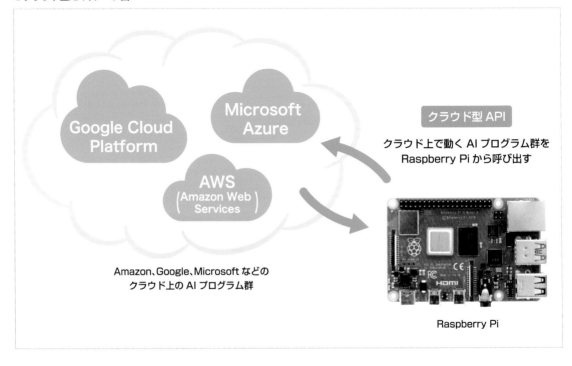

≫ ローカルAI（エッジAI）

　クラウド上のAPIはとても強力ですが、やはり制限もあります。当たり前ですがクラウド上にあるので、インターネットにつながらない状態では使えません。

　またそれらのAPIは、万人に使えるよう一般的に作られています。そしてその学習データも世の中にすでにあるデータを元にして作られています。例えば花の種類、DVDのラベルなどの判別はできますが、家族の顔写真からそれが誰なのかという判別は難しいものがあります。

　そのような限定されたデータやインターネット外のものをあつかう場合は、自分でデータを用意して、Raspberry Pi上でAIを動かす必要があります。そんなローカル上でのAIをエッジ・コンピューティングやエッジAIと言ったりします。

　Raspberry PiにAIを記述するライブラリ（Googleの**Tensorflow**など）をインストールし、ロジックを構築します。これにも機械学習部分とそれを使った判別部分があり、用途やリソースにより使い分けます。

● エッジAIイメージ図

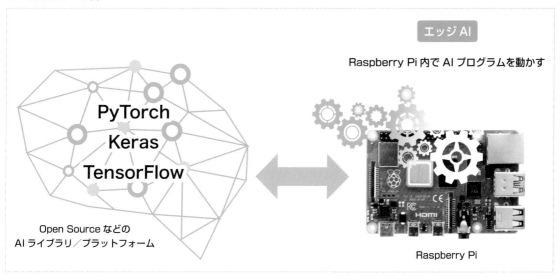

エッジ AI

Raspberry Pi 内で AI プログラムを動かす

PyTorch
Keras
TensorFlow

Open Source などの
AI ライブラリ／プラットフォーム

Raspberry Pi

▶ Raspberry Piで使用できるAI技術例

AIというととても難しいように感じてしまうかもしれませんが、さきほども解説したとおり大手IT企業からAI技術をAPIやライブラリの形で手軽に利用できるようになっています。そしてそれがRaspberry Piでも利用できるように提供されています。

》 AmazonのAIサービスとAlexa

Eコマースの代表的企業Amazonですが、そこで使われている技術を**Amazon Web Services（AWS）**として外部にも提供しています。そのAWSにおいて数多くのAIサービスをAPIの形で提供しています。

AIサービスとして、画像解析のRecognitionや自動翻訳のTranslateなどがあります。

●Amazon Web ServicesのAIサービス（https://aws.amazon.com/jp/machine-learning/ai-services/）

　これらのAIサービスに加えて、Amazon自身が開発、販売をするスマートスピーカー「**Alexa**」があります。AmazonはこのAlexaの機能を外部にも提供しており、次の例のように他のデバイスにその音声サービスを追加できるようになっています。個人でもRaspberry Piを使って、Alexaサービスを使ったデバイスを作れます。

● **Amazon Voice Servicesとその開発事例**（https://developer.amazon.com/ja-JP/alexa/alexa-voice-service）

》 GoogleのCloud AI

　AIを提供する企業としてGoogleもさまざまなAIサービスを展開しています。Googleのクラウドサービスの中に「**Cloud AI**」があり、まるでブロックを組み合わせるようにAIを使うことができるようになっています。

　代表的なものとして、画像解析の「**Vision**」やGoogle Homeのような音声合成を行う「**Text-to-Speech**」などがあります。

　Googleはこれらのクラウド上のAPI以外に、エッジAIとしてのライブラリ「**Tensorflow**」も提供しています。

● GoogleのCloud AI（https://cloud.google.com/products/ai/building-blocks）

>> MicrosoftのAzure Cognitive Services

　Microsoftからも、クラウドサービス「Azure」上でAIが提供されています。「**Cognitive Services**」（認知サービス）と呼ばれ、Amazon、Googleのように画像系、言語系などのAPIを提供しています。特に**Face API**と呼ばれる、顔情報からその感情を検出できるような機能もあります。

● Microsoft AzureのCognitive Servicesページ（https://azure.microsoft.com/ja-jp/services/cognitive-services/#api）

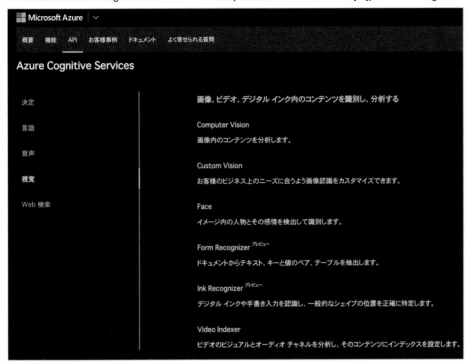

》 Tensorflow

Tensorflow（テンソルフロー）は、Googleが開発したオープンソースのディープラーニング・ライブラリです。tensorflow.orgのページにもあるように、ウェブ上やRaspberry PiなどのIoT機器にも使用することができます。そのライブラリと学習モデルをローカル（この場合はRaspberry Pi上）に導入し、エッジAIとして使用することができます。

● Tensorflowの説明ページ（https://www.tensorflow.org/）

　本書ではこのようなすでに数多く提供されているAIサービスを組み合わせて、Raspberry PiでのAI電子工作を行っていきます。

Chapter 2

Raspberry Piでの
AI電子工作の基本

Raspberry Piでの電子工作の準備として、まずOS（オペレーティングシステム）のRaspberry Pi OS（ラズビアン）をインストールします。また、ネットワークなどの基本設定や、Raspberry Piと外部機器（センサーなど）をつなぐための入出力を理解します。Raspberry Piでのプログラミング（Python）の基本的な方法も押さえます。

Section 2-1 ▶ Raspberry Pi OSの インストール

Raspberry Piを使い始める最初の一歩、標準OSのインストールを行います。Raspberry Pi OSが動けば、これからはRaspberry Piが操作できるようになりますよ！

▶ Raspberry PiのOSについて

Raspberry Pi自身にはOSが搭載されておらず、裏面のスロットにMicro SDカードを差し込んで起動します。Raspberry PiのOSとして、Raspberry Pi Foundationが提供する「**Raspberry Pi OS**」があります。

Raspberry Pi OSにはバージョンはありません（その時々で最新のものが提供されます）。以前はベースとしているLInux OSであるDebianのバージョン名を引き継いでいて、映画トイストーリーのキャラクター名にちなんで、バズやウッディ、ジェシー、直近のものはBuster（バスター）などがありました。記事執筆時点では、以下ページにあるように2021年5月バージョンが最新になっています。

● Raspberry Pi専用OS「Raspberry Pi OS」
（https://www.raspberrypi.org/software/）

▶ Raspberry Pi OSのインストール

それではRaspberry PiにRaspberry Pi OSをインストールしてみましょう。この作業にはRaspberry Pi本体とMicro SDカード、そしてWindowsパソコンやMacなどのコンピュータが必要です。本書ではMacを使って作業を行っていますので、以後はMacの画面、コンソールを基本とした説明になります。Windowsで作業方法が違う部分はメモを追記します。

》 Raspberry Pi ImagerによるOSインストール

Raspberry Pi公式の「**Raspberry Pi Imager**」という書き込みツールを使っていきます。

まず自分のパソコンのOSに応じたバージョンを選びます。(ここではmacOSを使っています)。そしてダウンロードしたツールを、パソコンにインストールします。

● ダウンロードページ
(hhttps://www.raspberrypi.org/software/)

パソコンへRaspberry Pi Imagerをインストールしたら、それを立ち上げます。すると、次のようなメニュー画面が表示されます。

● Raspberry Pi Imagerメニュー画面

メニュー画面のOperating Systemで「CHOOSE OS」（OSの選択）をクリックします。ここでは「**Raspbian**」という通常バージョンのRaspberry Pi OSを選びます。なお、それ以外にもLiteという最低限のOS部分だけのものや、LibraやUbuntuというOSも導入することが可能です（ただし本書では解説しません）。

● OSの選択

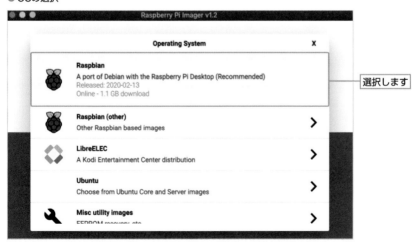

次に、microSDカードの読み書きがパソコンでできる状態にして、メニュー画面のSD Cardの「CHOOSE SD CARD」をクリックします。認識されているSDカードが表示されるのでそれを選びます。

● SDカードの選択

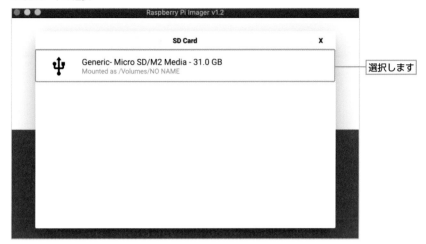

OSとSDカードの選択が完了したら、メニュー画面の「WRITE」ボタンをクリックします。これで書き込みが始まります。

● インストール開始

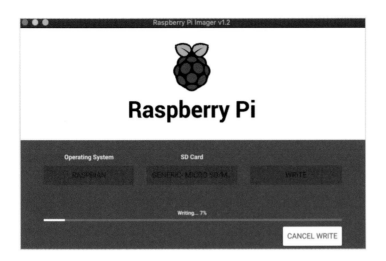

しばらく時間が経って次のような画面が出たら、OSの書き込みは完了です。パソコンからSDカードを取り出して、Raspberry Piを準備します。

●Raspberry Pi Imager完了画面

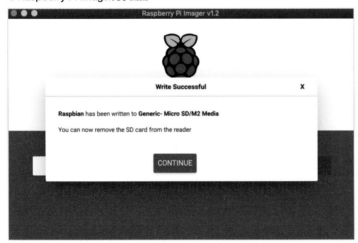

これでRaspberry Pi OSのインストールができました。今後はこれを使って、Raspberry Piの各種設定、プログラミング、そして電子工作を行っていきます。

<table>
<tr><td>Section
2-2</td><td># Raspberry Piの基本的な使い方</td></tr>
</table>

Raspberry Pi OSのインストールが済んだら、Raspberry Piを立ち上げて使っていきましょう。Raspberry Piのベーシックな設定方法と、その接続方法を理解して、基本的な使い方をマスターします。

▶ Raspberry Piの基本の設定

Raspberry Pi OSのSDカードへのインストールまでが済みました。ここでは、Raspberry Piを起動して基本的なセットアップを行って、電子工作の準備を行います。

Raspberry Piにインストール済みのSDカードを差し込みます。HDMIケーブルでディスプレイとつなぎ、キーボードなども用意しておきます（本書ではRaspberry Pi 4、Raspberry Pi Zero Wいずれも無線LAN接続を前提に解説します）。

● 周辺機器の接続（Raspberry Pi 4の周辺機器接続イメージ）

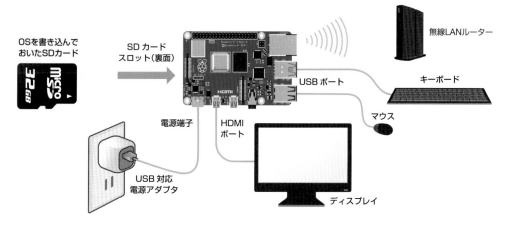

●**Raspberry Pi Zero Wの周辺機器接続イメージ**

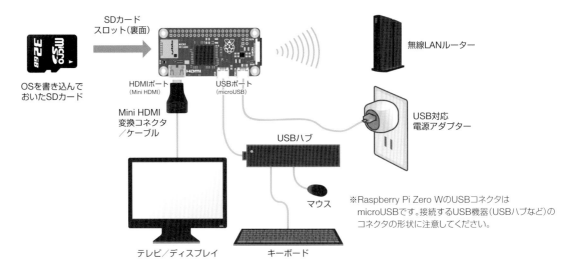

電源を入れてRaspberry Piが立ち上がると、このようになります。

●**Raspberry Piにディスプレイやキーボードを接続して起動**

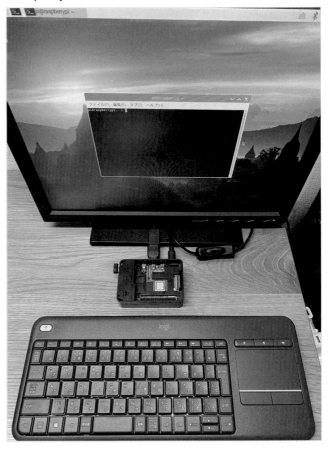

▶ 初期セットアップ

Raspberry Piを立ち上げた後、最低限の初期セットアップを行っておきましょう。

ⓘ NOTE

初期設定ウィザード

Raspberry Pi OSの初回起動時には初期設定ウィザードが起動します。これを使っても言語やパスワード、Wi-Fi設定などが可能です。本書では他にも設定するべき内容があるため「Raspberry Piの設定」で設定を行っています。

まず左側のラズベリーパイのアイコンを押します。そのメニューの中から「設定」➡「Raspberry Piの設定」（英語設定のままであれば「Preferences」➡「Raspberry Pi Configration」）を選びます。「システム（System）」、「ディスプレイ（Display）」、「インターフェイス（Interfaces）」、「パフォーマンス（Performance）」、「ローカライゼーション（Localisation）」といったタブメニューが出てきます。以降は日本語メニューで説明しますが、英語メニューの場合は適宜読み替えてください。

まずこの中で「システム」から「パスワードを変更」を選んで、パスワードを変えておきましょう。ホスト名は、自宅のネットワーク上でRaspberry Piを見分けられるような名前に変えておいてください。リモートからRaspberry Piにアクセスする際にホスト名を使用するためです。ちなみに初期のデフォルトユーザー名は「pi」、ホスト名は「raspberrypi」、パスワードは「raspberry」になっています。

設定が終わったら「OK」ボタンをクリックします。

● 「Raspberry Piの設定」の「システム」タブ画面

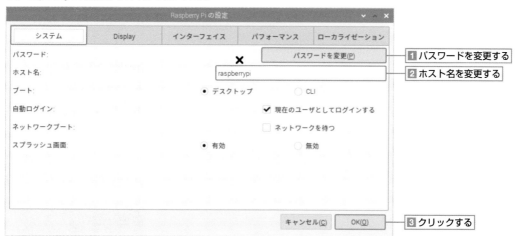

次に「インターフェイス」タブに移ります。「カメラ」と「SSH」を有効にします。

カメラは後ほどRaspberry Piにつないで、画像解析に使います。SSHはSecure Shellの略で、セキュアな外

部からのリモート接続を可能にする機能です。

●「インターフェイス」タブ画面

「ローカライゼーション」タブに移ります。ここではタイムゾーンやキーボードの設定を行います。

●「ローカライゼーション」タブ画面

まず「ロケールの設定」をクリックします。
　言語や国などを選びます。日本語で利用する場合は言語は「ja（Japanese）」国は「JP」、文字セットは「UTF-8」を選択しましょう。設定が終わったら「OK」ボタンをクリックします。

● ロケール設定

「タイムゾーンの設定」を設定します。日本で使用する場合は地域は「Asia」、位置は「Tokyo」を選びます。

● タイムゾーンの設定

　最後に「無線LANの国設定」を選びます。日本で利用する場合は「JP Japan」を選択します。この設定はWi-Fi接続時に必要になります。

● RaspberryPiの設定中の無線LANの国設定画面

ローカライゼーションの設定が完了したら「OK」ボタンをクリックして終了します。

》 Wi-Fiの設定

無線LANを利用できる環境であれば、デスクトップ画面右上の
Wi-Fiアイコン 📶 をクリックすると、アクセス可能なアクセスポイントが表示されるので、無線LANの設定を行います。

これでRaspberry Piの簡単なセットアップは完了しました。設定画面を閉じて、システムを再起動すると設定が有効になります。

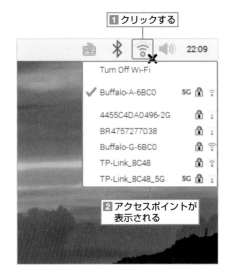

》》 システムの終了・再起動

　システムの終了や再起動は 🐧 メニューから行います。🏃アイコン「Shutdown」を選択すると「Shutdown options」が表示されます。「Shutdown」を選択すればシステムの終了（停止）、「Reboot」を選択すれば再起動を行います。

● シャットダウンや再起動を行う

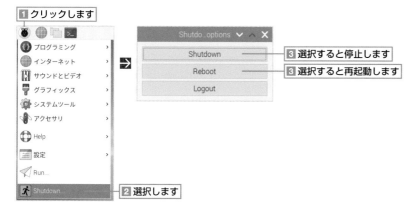

1 クリックします

2 選択します

3 選択すると停止します

3 選択すると再起動します

▶ Raspberry Piへリモート接続する方法

　Raspberry Piは、HDMIモニターとキーボードなどを使って直接操作する方法以外に、同じネットワーク内の他のパソコンからリモート接続して使う方法があります。

直接操作

　Raspberry PiにHDMI接続できるディスプレイやUSBキーボード・マウスなどをつないで、ディスプレイに表示したデスクトップ画面を見ながらパソコンのように操作する方法です。もっとも直感的にRaspberry Piを操作できます。

　反面、ディスプレイやキーボードなどをRaspberry Piに直接接続する必要があり、離れた所からの操作や、電子工作での使用の際などには一工夫が必要です。

リモート・デスクトップ利用

　デスクトップ画面にリモートでアクセスする方法があります。リモート・デスクトップ・ツールを使って仮想的にデスクトップを作り出します。

　リモート・デスクトップ用のツールとして**Tight VNC Server**があります。これをRaspberry Piにインストールします。リモート接続するパソコン側では、Macの場合はOSの機能を利用して使えます。Windows環境では

クライアントソフトを操作用の端末（パソコン）にインストールして使います。

》 リモート・デスクトップ環境構築

リモート・デスクトップ環境の構築は、まずRaspberry Piを直接操作して行います。

デスクトップ上のツールバー上にあるターミナル（ >_ ）アイコンをクリックして端末を起動します。

コマンドが実行できる環境になったら①のように「sudo apt install tightvncserver」と入力して実行します。apt installというライブラリ導入コマンドでtightvncserverをインストールします。

```
pi@raspberrypi:~ $ sudo apt install tightvncserver 🔃 ❶

パッケージリストを読み込んでいます ... 完了
依存関係ツリーを作成しています
状態情報を読み取っています ... 完了
tightvncserverをインストールします
```

tightvncserverのインストールが完了したら、コマンドで起動します。②のように「tightvncserver」と入力して実行すると、リモート・デスクトップ環境が立ち上がります。

初期起動時はパスワードの生成を求められます。このパスワードは、ラズパイのリモートデスクトップ環境に、他のマシン（端末）からログインする際に用いるものです。任意のパスワードを入力（設定）します。

```
pi@raspberrypi:~ $ tightvncserver 🔃 ❷

New 'X' desktop is raspberrypi:1

Starting applications specified in /home/pi/.vnc/xstartup
Log file is /home/pi/.vnc/raspberrypi:1.log
```

Raspberry Pi上の設定はこれで完了しました。

次に、他の端末からRaspberry Piのリモート・デスクトップ環境に接続してみます。Raspberry Piとは別のパソコンを用意し、そこから以降のように接続を行います。

Macでリモート・デスクトップに接続する場合

Macの場合、Raspberry Piのリモートデスクトップ環境にログインするのに、クライアントソフトをインストールする必要はありません。Macのデスクトップ上部にある「移動」メニューから「サーバへ接続」を選択します。

「サーバへ接続」でサーバアドレスの入力を求められます。次のようなRaspberry Piのアドレスを入力します。「vnc」は通信に用いるプロトコル名、「[Raspberry Piのホスト名]」は35ページで設定したRaspberry Piのホスト名、「5901」は通信で用いるポート番号です。

vnc://[Raspberry Piのホスト名].local:5901

●MacからRaspberry Piのリモート・デスクトップへ接続する

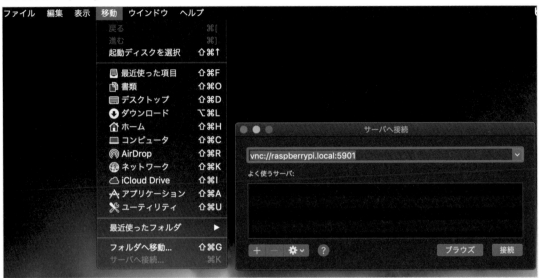

　「接続」ボタンをクリックすると、ユーザー名とパスワードの入力を求められます。ユーザー名はRaspberry Piのログインユーザー名（デフォルトは「pi」）、パスワードは前ページで設定したTight VNC Serverのパスワードです。これでMacからRaspberry Piのリモート・デスクトップにアクセスできます。

●MacでRaspberry Piへのリモート・デスクトップ接続ができた

Windowsでリモート・デスクトップに接続する場合
- -

Windowsでリモート・デスクトップを行うには、「**VNC Viewer**」というソフトウェアをインストールします。
VNC Viewerを取得します。

● Real VNCのViewerダウンロード画面
（https://www.realvnc.com/en/connect/download/viewer/windows/）

　ダウンロードが完了したら、コネクト画面を立ち上げます。接続先を指定する必要があるので、「[Raspberry
Piのホスト名].local」と指定します。[Raspberry Piのホスト名]は35ページで設定したものです。最初のログイ
ン時にパスワードを求められます。

● Real VNC Viewerの画面

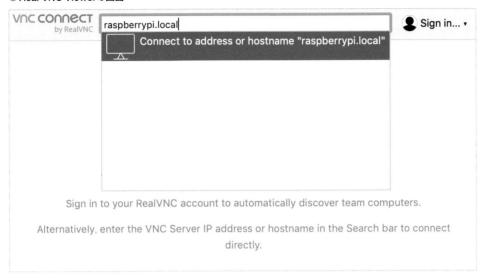

これで、WindowsからリモートデスクトップでRaspberry Piに接続できました。

≫ SSHでリモート接続する

リモート・デスクトップ接続はGUIでわかりやすいですが、LAN内であっても動作が遅いのが欠点です。そのため、CUIでリモート接続してRaspberry Piを利用できる**SSH**（Secure Shell）を用いた操作方法を解説します。画面でのマウス操作ではなくキャラクタベースでの操作なので、最初は慣れが必要です。書籍内での解説は基本的にこのSSHを使っていきます。

リモートデスクトップ同様、SSHはRaspberry PiがWi-Fiなどで同一ネットワークに接続していることを前提として、パソコンなどからリモート接続して利用します。

MacからRaspberry PiへSSHで接続する場合

Macの場合、Raspberry PiへSSHで接続するのに、クライアントソフトをインストールする必要はありません。Macのデスクトップ上部にある「移動」メニューから「ユーティリティ」 ➡ 「**ターミナル**」を選択します。

ターミナル上で①のようにコマンドを実行します。「[Raspberry Piのユーザー名]」はRaspberry Piのユーザー名（初期設定は「pi」）、「[Raspberry Piのホスト名]」は35ページで設定したホスト名です。

ssh [Raspberry Piのユーザー名]@[Raspberry Piのホスト名].local

パスワード入力を求められたら、35ページで設定したRaspberry Piのパスワードを入力するとRaspberry Piにログインします。

```
$ ssh pi@raspberrypi.local ❶

pi@raspberrypi.local's password:
Linux raspberrypi 4.19.97-v7l+ #1294 SMP Thu Jan 30 13:21:14 GMT 2020 armv7l

The programs included with the Debian GNU/Linux system are free software;
the exact distribution terms for each program are described in the
individual files in /usr/share/doc/*/copyright.

Debian GNU/Linux comes with ABSOLUTELY NO WARRANTY, to the extent
permitted by applicable law.
Last login: Thu Apr 16 12:17:11 2020

pi@raspberrypi:~ $ ls ❷
Documents   MagPi          Pictures      Templates
Desktop     Downloads      Music         Public        Videos
```

　Raspberry Piにログイン後に、コンソール上で、②のように「ls」と実行してみましょう。Raspberry Piのホーム上のディレクトリやファイルがリストされます。

WindowsでRaspberry PiへSSHでリモート接続する場合

　Windowsの場合、SSHを利用するにはターミナルソフトをインストールして利用します。ここでは「**Tera Term**」（https://ttssh2.osdn.jp/）を利用する方法を紹介します。

　上記ページか、OSDNのダウンロードページ（https://ja.osdn.net/projects/ttssh2/releases/）からTera Termのインストーラをダウンロードして、パソコンにインストールします。

　インストールしてTera Termを起動すると「Tera Term: 新しい接続」というダイアログが表示されます。「ホスト」欄に35ページで設定したRaspberry Piのホスト名を入力します。「TCPポート」が「22」になっているのを確認して（異なる数字だった場合は22に変更してください）、「OK」ボタンをクリックします。

● Tera Term: 新しい接続

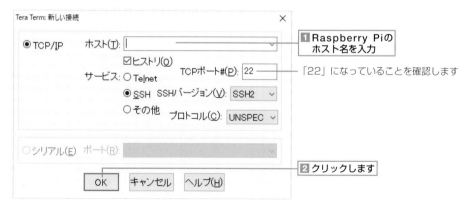

　「SSH認証」ダイアログが表示されます。「ユーザー名」欄にRaspberry Piのユーザー名（初期設定は「pi」）、「パスフレーズ」欄に35ページで設定したユーザーのパスワードを入力して「OK」ボタンをクリックします。

●ユーザー名とパスワードを入力

これでSSH接続できました。

▶ パソコンからRaspberry Piへファイル転送

パソコン上で作成したり、ネット上からダウンロードしてきたりしたファイルを、Raspberry Piへ転送する方法を解説します。

MacでRaspberry Piにファイルを転送する場合

Macの場合は「**scp**」コマンドでファイルを転送できます。ターミナルソフトを起動し、scpコマンドに続いて転送したいファイル名（下の例では「config.json」）とRaspberry Piのユーザー名（下の例では「pi」）、@、35ページで設定したRaspberry Piのホスト名、.local:と入力して実行します。最後の「:」はRaspberry Piのユーザーのホームディレクトリ（/home/pi）に格納することを示しています。

実行すると次のように表示されます。

```
$ scp config.json pi@raspberrypi.local: ⏎
pi@raspi_address.local's password:
config.json              100% 136 39.2KM/s 00:00
```

WindowsでRaspberry Piにファイルを転送する場合

Windowsの場合はSCPに対応したファイル転送ツールをインストールして、ファイル転送します。著名なファイル転送ツールとしては「**Filezilla**」（https://ja.osdn.net/projects/filezilla/）があります。

Filezillaのサイトからインストーラをダウンロードしてパソコンにインストールします。Filezillaを起動すると次のようなウィンドウが表示されます。

● Filezillaの画面

Raspberry Piにアクセスする場合は、「ファイル」メニューから「サイトマネージャー」を選択します。

● サイトマネージャー

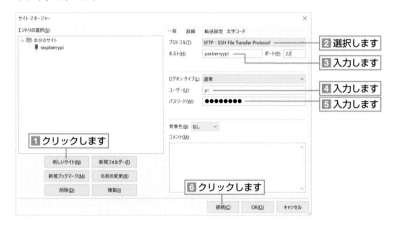

サイトマネージャーの画面が起動したら、「新しいサイト」ボタンをクリックします。「プロトコル」は「SFTP」を選択し、「ホスト」欄には35ページで設定したRaspberry Piのホスト名を入力します。ポート欄はそのままで構いません（22と指定してもけっこうです）。

「ユーザー」欄にはRaspberry Piのユーザー名（例では「pi」）、「パスワード」欄には35ページで設定したユーザーのパスワードを入力します。「OK」ボタンをクリックするとその時点での設定が保存されます。「接続」ボタンをクリックすると設定した情報でRaspberry Piへアクセスします。

アクセスできたら、前ページのFilezilla画面右側にRaspberry Piのログインユーザーのホームディレクトリが表示されます。ドラッグ＆ドロップでファイルの転送が可能です。

> 🗨 NOTE
>
> **Mac 用 Filezilla もある**
>
> FilezillaにはMacにも対応しています。Mac用Filezillaをダウンロードしてインストールすれば、Macでも同様にGUIでファイル転送が可能です。

Section
2-3 # AIで使用するハードウェア

Raspberry PiでAI電子工作するうえで、さまざまなハードウェアを使用します。基本となるGPIO接続や、カメラ、マイク、スピーカーなどAIで使用するハードウェアの接続方法を理解します。

▶ AI電子工作で使用するハードウェア

Raspberry PiはLinuxのコンピュータとして使えるだけでなく、外部のハードウェアなどと簡単につなぐことができるように作られています。Raspberry Piにさまざまな機能を持つハードウェアを接続することにより、AI電子工作が可能になります。

外部とのインターフェースは、主にRaspberry Pi上に2列に並ぶ40ピンの**GPIO**（General Purpose Input Output：**汎用入出力**）を介して行われます。GPIOは**デジタル入力・出力**、**PWM**（パルス幅変調：疑似アナログ出力）、**シリアル通信**などが可能です。

GPIOとは別に、Raspberry PiにはUSBポート、オーディオジャック、カメラスロット、HDMIポートなどのインターフェースがあります。これでビジュアル、オーディオ機器などを接続できます。AI電子工作を行うときに目の役割をするカメラ、声・口の役割のスピーカー、耳となるマイクなどを使うことができます。

●**Raspberry Piに接続するAIで使用するハードウェアの例**

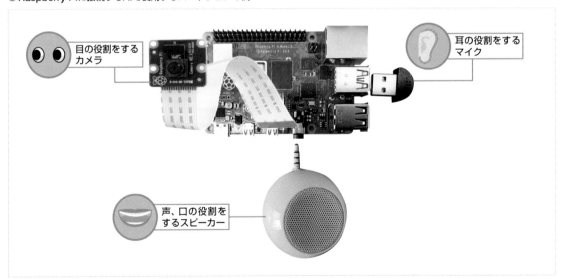

目の役割をする
カメラ

耳の役割をする
マイク

声、口の役割を
するスピーカー

▶ GPIO接続

GPIOではデジタル入出力や疑似アナログ出力、シリアル通信などさまざまな接続ができます。GPIO端子は、Raspberry Pi上の左上の1ピンから右下の40ピンまであります。Raspberry Piから制御する際、指定方法に注意が必要です。使用するピンを指定する場合、物理ピン番号（左上からの連番）ではなく、Raspberry Pi側で役割が割り振られた「GPIO XX（XXは数字）」という**BCM**番号で指定します。

● Raspberry PiのGPIOピン配置（https://www.raspberrypi.org/documentation/usage/gpio/）

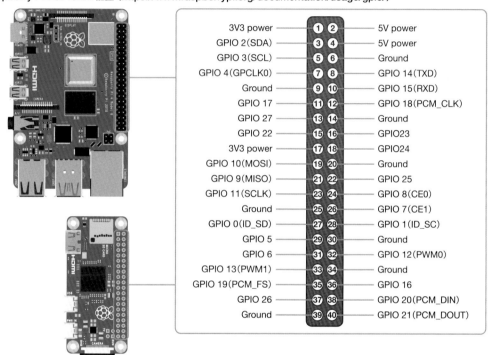

GPIOの各ピンにはあらかじめ決まった役割が割り当てられています。大きくわけると次のような違いがあります。

電源とGND

Raspberry Piには3.3Vと5Vの電源供給が2本ずつあります。それ以外にGND（電圧0V）が8本用意されています。

デジタル入出力

電源とGND以外の端子はデジタル入出力に使用できます。GPIO 2 〜 27まであり、必要に応じてLEDやスイッチをつないで電子工作ができます。Raspberry PiからPythonなどのプログラムでGPIOに接続したデジタル機器を操ることができます。

PWM

Raspberry Piは基本的にデジタル信号（0か1）しかあつかえませんが、擬似的にアナログ出力（電圧の段階的出力）ができます。これにより、LEDの明るさを変えたり、サーボモーターの角度を指定したりすることが可能です。これは **PWM**（Pulse Width Modulation）と呼ばれ、ソフトウェアPWMとしてGPIOの26ピンすべてで使用できます。

≫ シリアル通信

GPIOはシリアル通信にも利用できます。シリアル通信では使われるピンはあらかじめ指定されており、シリアル通信を有効にしたピンは、デジタル入出力としては使えなくなります。

I²C

I²C（Inter-Integrated Circuit）はセンサーなどから情報を取得するための規格です。接続機器としてLCDディスプレイのようなものがあります。

UART

UART（Universal Asynchronous Receiver Transmitter）は他のコンピュータなどと通信するための規格です。USBのようにパソコンとのデータ通信に使うことができます。

SPI

SPI（Serial Pheripheral Interface）は、I²C同様にRaspberry Piと電子部品を通信するための規格です。SPIは通信データを次の3つに分けて通信しています。データ送信を行う「MOSI」、データ受信を行う「MISO」、送受信を行う「SCLK」です。高速に通信できることがSPIの特徴です。高速なデータ通信が必要な液晶ディスプレイなどでSPI接続を利用するものがあります。

▶ AIで使用するその他のハードウェア

Raspberry Piでは、AIを使用するために使うさまざまなハードウェアを接続できます。目の役割を果たすカメラ、声・口の役割を果たすスピーカー、耳の役割を果たすマイク、結果を表すディスプレイの接続を説明します。

≫ カメラ接続

Raspberry Piには標準で**カメラスロット**が付いています。ここにケーブル経由でカメラユニットをつなげることができます。Raspberry Pi Foundationでは公式対応カメラモジュールを用意しています。

このカメラは、大きさ2.5cm四方ほどでフルカラーの可視光高精細カメラです。静止画の解像度は808万画素（3280×2464ピクセル）です。動画にも対応し、フルHD（1920×1080ピクセル）画質で30fpsの撮影も可能です。Raspberry Pi NoIR Cameraは暗いところでも撮影可能な赤外線カメラです。カメラの設定などはAI電

子工作の中で解説します。

● Raspberry Pi公式カメラモジュール
　（https://projects.raspberrypi.org/en/projects/getting-started-with-picamera）

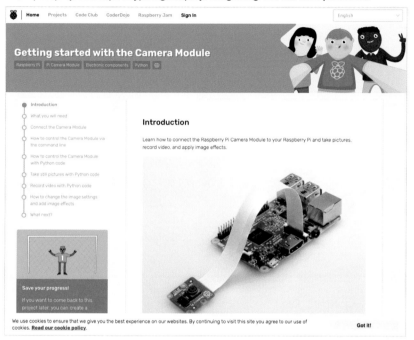

≫ オーディオ接続（スピーカー）

　Raspberry Pi 4には**オーディオ出力端子**があります。接続は 3.5mmジャックで行います。ここにスピーカーなどオーディオ機器を接続して、音声出力を行います。次ページの写真ではバッテリ、アンプ付きミニスピーカーをオーディオジャックに接続して使っています。オーディオの様々な調整は、Raspberry Piからコマンドが用意されています。詳しい使い方はChapter3以降で解説します。

●Raspberry Piにオーディオジャック経由でミニ・スピーカーを接続

》USB接続(キーボード、マウス、マイク接続)

Raspberry Pi 4にはUSB3ポートが2つ、USB2ポートが2つあります。Raspberry Pi Zero WにはmicroUSB端子が1つあります(2つありますが、1つは電源用)。ここにキーボードやマウスなどのハードウェア機器を接続できます。本書では特にUSBマイクをここに接続して音声入力機器として使います。

●Raspberry PiにUSB接続でミニ・マイクをつなげる

● Raspberry PiにUSB接続で無線ミニ・キーボードをつなげる

》 HDMI接続（ディスプレイ接続）

　Raspberry Pi 4にはMicro HDMIポートが2つ、Raspberry Pi Zero WにはMini HDMIポートが1つあります。HDMIポートには、HDMI対応のテレビや液晶ディスプレイなどを接続して、Raspberry Piの画面を表示できます。HDMI接続はRaspberry Piの初期セットアップで使用しますが、電子工作として使う場合、写真のような小型ディスプレイを使う方法もあります。

● Raspberry Pi 4にHDMI接続でミニ・ディスプレイを設置

Raspberry Piコマンドと
プログラミングの基本

Raspberry Piを操るための基本的なコマンドを理解します。AI電子工作を行ううえでのカメラ、スピーカーなども操作します。さらに、プログラミングの中心であるPythonを理解すれば、Raspberry Piでの電子工作の第一歩になります。

▶ Raspberry Piコマンドとプログラミング

Raspberry Piを操るための基本コマンドを理解しましょう。今後の電子工作では、Raspberry Piのターミナルなどから**CUI**（キャラクタ・ユーザー・インターフェース）でのコマンド操作が基本になります。ここではAI電子工作に必要な基本的なコマンド操作をあつかいます。

ここでカバーするコマンドとプログラミング言語には次のようなものがあります。

- **パッケージ管理**：apt install、apt updateなど
- **Raspberry Piの設定**：raspi-config
- **Raspberry Piの起動、終了**：shutdown、reboot
- **ディレクトリ、ファイル操作**：ls、mkdir、cp、mvなど
- **カメラ、スピーカーなどの設定**：raspistill、aplay、arecordなど
- **ファイル作成**：viなど
- **プログラミング言語**：Pythonなど

▶ Raspberry Piで使用するコマンド

》 パッケージ、ライブラリのインストール、更新

Raspberry PiのOSであるRaspberry Pi OSでパッケージやライブラリのインストール、更新を行うのに「**apt**」というコマンドを使います。aptはパッケージを管理するコマンドで、aptに続けて「install」や「update」などのサブコマンドを付けて用います。

パッケージ管理を行う場合には、「**管理者権限**」が必要です。詳しい説明は割愛しますが、OSのシステム領域に関わるファイル操作には、管理者権限が必要な場合があることを理解してください。管理者権限が必要なときは「**sudo**」というコマンドを使用します。

OSインストール時より他のパッケージが新しくなっていることもあるので、Raspberry Piのパッケージ群を

最新の状況に保つようにしてみましょう。なお、アップデートやインストールの際は、Raspberry Piがインターネットに接続している必要があります。

まず①のように「apt update」コマンドでリポジトリ（パッケージのデータベース）一覧を更新します。その後②の「apt upgrade」コマンドでパッケージ全体を更新します。upgrade時やinstall時に途中で「続行しますか？ [Y/n]」と表示されたら、内容を確認してキーボードで「Y」を入力して続行します。

```
pi@raspberrypi:~ $ sudo apt update ⏎ ❶
取得:1 http://Raspberry Pi OS.raspberrypi.org/Raspberry Pi OS buster InRelease [15.0
kB]
取得:2 http://Raspberry Pi OS.raspberrypi.org/Raspberry Pi OS buster/main armhf Pack
ages [13.0 MB]
取得:3 http://archive.raspberrypi.org/debian buster InRelease [25.2 kB]
取得:4 http://archive.raspberrypi.org/debian buster/main armhf Packages [327 kB]
13.4 MB を 20秒 で取得しました (656 kB/s)
パッケージリストを読み込んでいます... 完了
依存関係ツリーを作成しています
状態情報を読み取っています... 完了
アップグレードできるパッケージが 44 個あります。表示するには 'apt list --upgradable' を実行してください。

pi@raspberrypi:~ $ sudo apt upgrade ⏎ ❷
パッケージリストを読み込んでいます... 完了
依存関係ツリーを作成しています
状態情報を読み取っています... 完了
アップグレードパッケージを検出しています... 完了
以下のパッケージが自動でインストールされましたが、もう必要とされていません：
  libmicrodns0
これを削除するには 'sudo apt autoremove' を利用してください。
以下のパッケージはアップグレードされます：
  firmware-atheros firmware-brcm80211 firmware-libertas firmware-misc-nonfree
  firmware-realtek git git-man libjavascriptcoregtk-4.0-18 libnode-dev libnode64
  libssl-dev libssl1.1 libvlc-bin libvlc5 libvlccore9 libwebkit2gtk-4.0-37 lxinput
  lxplug-cputemp lxterminal nodejs nodejs-doc openssl pi-package pi-package-data
アップグレード：44 個、新規インストール：0 個、削除：0 個、保留：0 個。
66.5 MB のアーカイブを取得する必要があります。
この操作後に追加で 2,053 kB のディスク容量が消費されます。
続行しますか？ [Y/n] Y ⏎
取得:1 http://archive.raspberrypi.org/debian buster/main armhf rpi-chromium-mods
armhf 20200407
 (以下略)
```

パッケージをインストールする際は「apt install」コマンドを使用します。apt installに続いて、インストールしたいパッケージ名を指定します。次ページの例では、プログラミングで必要なPythonパッケージ（python3-dev、python3-pip）をインストールしています。

```
pi@raspberrypi:~ $ sudo apt install python3-dev python3-pip ⏎
パッケージリストを読み込んでいます... 完了
依存関係ツリーを作成しています
状態情報を読み取っています... 完了
python3-dev はすでに最新バージョン (3.7.3-1) です。
python3-dev は手動でインストールしたと設定されました。
python3-pip はすでに最新バージョン (18.1-5+rpt1) です。
（以下略）
```

apt installコマンドを用いると、指定するパッケージの状態を判別し、新規インストールかアップデートを自動で行ってくれます。

》Raspberry Piの再起動や停止

パッケージのアップデートを行った際、Raspberry Piを再起動する必要があるときがあります。再起動を明示的に行う場合は「**reboot**」コマンドを実行します。また、システムを停止する場合は「**shutdown**」コマンドを用います。

```
pi@raspberrypi:~ $ sudo reboot now ⏎
pi@raspberrypi:~ $ Connection to raspberrypi.local closed by remote host.
Connection to raspberrypi.local closed.
```

```
pi@raspberrypi:~ $ sudo shutdown now ⏎
```

》ファイルの確認と新規ディレクトリ作成

「**pwd**」と実行すると、作業中のディレクトリ（カレントディレクトリ）の場所が表示されます。通常はユーザーのホームディレクトリ（/home/pi）が表示されるはずです。また「**ls**」コマンドを実行すると、カレントディレクトリ内のファイルやディレクトリが表示されます。

```
pi@raspberrypi:~ $ pwd ⏎
/home/pi
pi@raspberrypi:~ $ ls ⏎
Desktop      Downloads    Music        Templates
Documents    MagPi        Pictures     Public       Videos
```

新規ディレクトリを作成してみましょう。ユーザーのホームディレクトリ内に、プログラムなどを格納する「Programs」というディレクトリを「mkdir」コマンドで作成します。「~/Programs」というのはホームディレクトリ内という意味です。

> 🔑 **KEYWORD**
>
> フォルダとディレクトリ
>
> WindowsやMacなどで使われる「フォルダ」と、Linux上の「ディレクトリ」は（厳密には異なりますが）基本的に同じものです。どちらで呼んでも問題ありませんが、本書では基本的に「ディレクトリ」と表記しています。

コマンド実行後lsを実行すると、Programsというディレクトリが作られていることがわかります。

```
pi@raspberrypi:~ $ mkdir ~/Programs ⏎
pi@raspberrypi:~ $ ls ⏎
Desktop     Downloads  Music     Programs  Templates
Documents   MagPi      Pictures  Public    Videos
```

》 ハードウェアを操作するためのコマンド

カメラ、スピーカー、マイクを制御するコマンド

　Raspberry Piのカメラ、スピーカー、マイクなどをつないで、それを操作するコマンドを使ってみます。カメラは「**raspistill**」コマンド、スピーカーは「**aplay**」コマンド、マイクは「**arecord**」コマンドを使います。それぞれそのコマンドを実行してみましょう。

```
pi@raspberrypi:~ $ raspistill ⏎ ❶
"raspistill" Camera App (commit 06bc6daa0213 Tainted)
Runs camera for specific time, and take JPG capture at end if requested
usage: raspistill [options]
Image parameter commands
-q, --quality : Set jpeg quality <0 to 100>
-r, --raw: Add raw bayer data to jpeg metadata
（後略）
```

```
pi@raspberrypi:~ $ aplay ⏎ ❷
Usage: aplay [OPTION]... [FILE]...
-h, --help              help
    --version           print current version
-l, --list-devices      list all soundcards and digital audio devices
-L, --list-pcms         list device names
-D, --device=NAME       select PCM by name
（後略）
```

```
pi@raspberrypi:~ $ arecord ⏎ ❸
Usage: arecord [OPTION]... [FILE]...
-h, --help              help
    --version           print current version
-l, --list-devices      list all soundcards and digital audio devices
-L, --list-pcms         list device names
-D, --device=NAME       select PCM by name
（後略）
```

　①raspistillは Raspberry Piで静止画を撮るためのコマンドです。「raspivid」と実行すると動画撮影できます。
　②aplay:はスピーカーをつないで音を出力するためのコマンドです。表示されたパラメータで出力方法を調整できます。
　③arecord:はマイクで音を録音するためのコマンドです。ここでは主にUSBにつないだマイクを使用します。

詳細な使い方はChapter3以降で解説します。

カメラでの写真撮影

raspistillで実際に写真を撮ってみましょう。Raspberry PiのカメラコネクタにRaspberry Pi Cameraを接続します。

raspistillコマンドに「-o」オプションを付け、続けてファイル名（下の例では「image.jpg」）を指定して実行します。画像サイズを指定せずに撮影すると3280×2464ピクセルの写真が撮れます。lsコマンドを実行して確認すると次のように保存されているのがわかります。

```
pi@raspberrypi:~ $ cd ~/Programs
pi@raspberrypi: ~/Programs $ raspistill -o image.jpg
pi@raspberrypi: ~/Programs $ ls
image.jpg                                               。
```

raspistillコマンド実行時に画像サイズを指定できます。「-w」オプションで横幅、「-h」オプションで縦の画像サイズを指定できます。また「-vf」オプションを指定すると上下を反転できます。

次のコマンドは、横幅640ピクセル、高さ480ピクセルで指定し、上下を反転させて撮影する場合の実行例です。先ほどは image.jpg としたので今回は image640.jpg と違うファイル名を指定しました。これで640×480ピクセルの上下反転した写真が撮れました。

```
pi@raspberrypi: ~/Programs $ raspistill -w 640 -h 480 -vf -o image640.jpg
pi@raspberrypi: ~/Programs $ ls
image.jpg            image640.jpg
```

aplayやarecordを使った音声のコマンドは、Chapter 3以降の電子工作で詳細に説明します。

> **○ NOTE**
>
> **パス（PATH）**
>
> ファイルやディレクトリの場所を表す文字列を「パス（PATH）」と呼びます。Linuxでは、ディレクトリ階層の元階層を「/」（ルート、ルートディレクトリ）と表記し、それ以下の階層を「/」で区切って表記します。例えば、ルートディレクリ内の「home」ディレクトリ内にある「pi」ディレクトリ内にある「Programs」ディレクトリは、「/home/pi/Programs」と表記します。
>
> また、ディレクトリ表記で使用する特殊な記号があります。「./」と表記すると、現在作業中のディレクトリを表します。「../」と表記すると、作業中のディレクトリの1つ上の階層のディレクトリを表します。「~/」と表記すると、現在ログイン中のユーザーのホームディレクトリを表します。
>
> このパスを、ルートディレクトリから表記したものを「絶対パス」（あるいはフルパス）、作業中のディレクトリからの相対位置で表記したものを「相対パス」といいます。「/home/pi/Programs」は絶対パスです。/homeディレクトリで作業中にpiユーザーのホームディレクトリのProgramsディレクトリを相対パスで表記すると、「pi/Programs」となります。

▶ ファイル作成とviエディタ

　Raspberry Piの中でファイルやプログラムを作っていきます。「**vi**」は、コマンドラインで利用できるテキストエディタです。コマンドラインで利用できるので、ネットワーク越しでテキストファイルを作成したり、設定ファイルを編集したりする際に役立ちます。viはほとんどのLinuxやUnix システムに最初から用意されているので、テキスト操作の基本としてviの操作方法を覚えておくと便利です。今後のプログラミング作業などはこのviの使用を前提としています。

　「**cd**」コマンドでホームディレクトリ内のProgramsディレクトリへ移動し、「hello.py」というファイルを新規作成してみます。「.py」は Python プログラムを表す拡張子です。

```
pi@raspberrypi:~ $ cd ~/Programs ⏎
pi@raspberrypi: ~/Programs $ vi hello.py ⏎
```

　viが起動し、hello.py ファイルの編集ができます。
　viには「インサートモード」と「コマンドモード」があります。起動した直後はコマンドモードです。文字を入力したり編集したりする場合はインサートモードに変更します。ⓘキーを入力すると入力モードになります。「print ("Hello!")」と入力してみます。

hello.py

```
print( "Hello!" )
```

　入力が完了したら、Escキーを押すとコマンドモード戻ります。作業を終了する場合はコマンドモードに戻ります。コマンドモードで「:wq」を入力します。これは「上書きして終了」という意味です。「:q!」と入れると「保存せずに終了」します。

```
print("Hello!")

~
~
:wq
```

　これでファイルhello.pyが作られました。再度lsで確認してみましょう。次のコマンドではホームディレクトリのProgramsディレクトリに移動していますが、他のディレクトリに移動していなければこの操作は不要です。

```
pi@raspberrypi:~ $ cd ~/Programs ⏎
```

59

```
pi@raspberrypi:~ $ ls ⏎
hello.py
```

viコマンドの詳しい使用方法は「vi --help」コマンドを実行して表示されるヘルプを参照してください。

▶ プログラミングの基本

Raspberry PiはLinuxベースのコンピュータです。さまざまなプログラミング言語を実行できます。ここでは簡単にRaspberry Piで使用できるプログラムを紹介し、その中でも本書でメインで使っていくPythonの基本的な使い方を解説します。

》 Python

Pythonはオランダ人の開発者グイド・ヴァンロッサム氏により作られたスクリプト言語です。スクリプト言語とは、プログラムを実行する際にコンパイル（コンピュータが理解できる機械語へ変換する作業）が必要ないプログラミング言語です。プログラムの記述がテキストで、構文も比較的シンプルで自然言語に近く、内容が把握しやすいので学習に適しているのが特

● プログラミング言語Pythonのロゴ

徴です。また、Pythonはデータ解析やAI分野のライブラリが非常に充実しているので、その用途に向いています。「パイソン」の名前の由来は、開発者がイギリスのテレビ番組「モンティ・パイソン」が好きだったとも、ニシキヘビをモチーフにしたとも言われています。実際Pythonのマスコット・アイコンはヘビのパイソンになっています。

》 Java

Javaは、Sun Microsystems社（買収され現在はOracle社）が開発したマルチプラットフォーム環境で動作するオブジェクト指向（独立した機能を持つまとまりを組み合わせた）プログラミング言語です。Java（ジャバ）の名前は、開発メンバーがよく通っていたコーヒーショップのジャバコーヒーからとったとされています。アイコンもコーヒーカップが使われています。Javaは、JVM（Java仮想マシン）で動作するため、同じプログラムを様々な環境上（Windows、Mac、Linuxなど）で動作させることが可能です。Javaは、プログラムを実行するためにプログラムをコンパイルする必要があるコンパイル言語です。

● Javaのアイコン

》 JavaScript / Node.js

JavaScriptは名前にJavaが付いていますが、Javaとは違ったプログラミング言語です。実行にコンパイルが必要なJavaと違い、JavaScriptはスクリプト言語で、Webブラウザなどのクライアント側で動作します。このJavaScriptをサーバー上で動かすようにしたものがNode.jsです。Node.jsは主にウェブの開発などに使われています。JavaScriptはJSなどと短縮名が使われるため、JavaScript系のプログラムはJSあるいはjsなどの文字が付きます。

● Node.jsのアイコン

》 Ruby

Rubyは日本人エンジニアのまつもとゆきひろ氏により開発された言語で、ビッグデータ解析などで多く使われています。Rubyはスクリプト言語でありながら、オブジェクト指向であるのが特徴です。Rubyを使ったプログラミング・フレームワークに「Ruby on Rails」があり、ウェブ開発でよく使われます。

● Ruby on Railsのアイコン

》 その他C、C++など

Windowsの開発などでよく使われるCやC++は、専用のツール（コンパイル）でコンパイルすることで、高度で高速な処理ができます。

▶ Pythonプログラミングの基本

本書ではRaspberry Pi開発でもっとも多く使われ、AIに関するライブラリなどのリソースも豊富にあるPythonを使って、プログラミング開発していきます。

Python環境の準備をしてみましょう。まず最初に、システムにインストールされているPythonのバージョンを確認してみます。55ページで解説したapt installで最新のPythonをインストールしていれば、最新バージョンになっているはずです。まだPython環境をインストールしていない場合は、55ページで解説したapt installコマンドでインストールしてください。本書ではPython3のバージョンを使っていきます。「python3 --version」コマンドでPython3のバージョンを確認します。「pip3 --version」コマンドでpip3のバージョンを確認します。pip3とは、Python3用のパッケージ管理するソフトです。

```
pi@raspberrypi:~ $ python3 --version ↵
Python 3.7.3
pi@raspberrypi:~ $ pip3 --version ↵
pip 18.1 from /usr/lib/python3/dist-packages/pip (python 3.7)
```

簡単なPythonプログラムを作成します。先ほどのviエディタで作った「hello.py」を編集してみます。

```
pi@raspberrypi:~ $ cd ~/Programs ↵
pi@raspberrypi: ~/Programs $ vi hello.py ↵
```

hello.py

```
import datetime ①
now = datetime.datetime.now() ②
print( "Hello! " + str(now)) ③
```

①datetimeという日付ライブラリをインポートします
②datetime関数から現在時刻を取得します
③取得した現在時刻を文字列(str)にして表示させます

Python3プログラムを実行する際は、python3に続けてプログラム名を入れます。同じディレクトリ下にあるファイルを指定する際は、先頭の文字（この場合は「h」）を入力してTabキーを押すと、候補ファイルが表示されます。また直近に実行したプログラムを呼び出す場合は、キーボードの上下カーソルキー（↑↓）を使うと、コマンド履歴を呼び出せます。

```
pi@raspberrypi: ~/Programs $ python3 hello.py ↵
Hello! 2020-05-08 00:37:02.516827
```

これではじめてのPythonプログラミングができました。

Section 2-5 ▶ Raspberry Piでの電子工作の基本

Raspberry Piの準備が整ったので、電子工作の基本中の基本、LEDを発光させる電子工作をやってみましょう。AI電子工作の基礎となるものなので、はじめて電子工作をする人は必ず試してください。

▶ Raspberry Piで「Lチカ」をする

電子工作における最初のステップは、「**Lチカ**」と呼ばれるLEDを発光させる電子工作です。Raspberry PiにLEDをつないで最初のLチカをしてみましょう。

》 できるもの、必要部品

Raspberry PiにLEDをつないで光らせる電子工作をします。この工作で必要な部品は次のようになっています。

● Raspberry PiとLED

利用部品

- Raspberry Pi 4·······························1
- LED···1
- ブレッドボード······························1
- ジャンパー線·······························2
- 抵抗 330Ω···································1

》LEDをブレッドボードを使ってRaspberry Piとつなぐ

LED（Light Emitting Diode）は**発光ダイオード**です。電源につなぐと発光する電子部品です。今回使う3mm赤色LEDは標準電流20mA、許容電圧は1.7V程度です（部品の詳細は巻末リストに記載）。

LEDには**極性**があります。電源につなぐ向きを考慮する必要があります。通常、LEDの脚の長い端子側がアノード（＋）と呼ばれ、電源のプラス側につなぎます。LEDの脚の短い方がカソード（－）と呼ばれ、電源のマイナス側につなぎます。

●LED

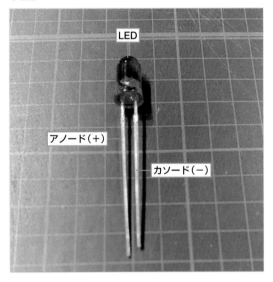

LEDとRaspberry Piをつなぐ際に、**ブレッドボード**を使います。ブレッドボードは一般に、縦の穴が内部でつながっています。また、中央の溝（くぼみ）により上下は分かれています。この穴に電子部品の端子やジャンパー線（ケーブル）のオス部分を挿し込むことで、基盤に半田付けせず、回路、配線を固定せずに電子部品を接続できるのです。

ここでは17穴の小型のブレッドボードを使っています。

● ブレッドボード説明図

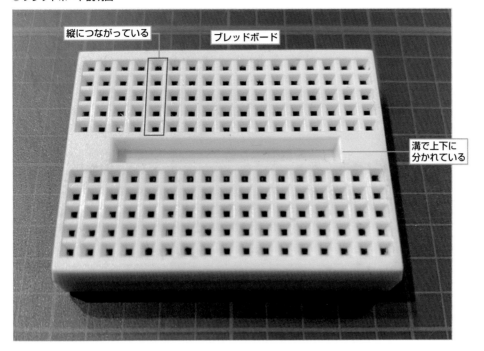

縦につながっている

ブレッドボード

溝で上下に
分かれている

》 接続の仕方

Raspberry PiとLEDを接続します。接続
をわかりやすく記述したイメージ配線図を右
に示します。

● Raspberry Pi -LED 配線図

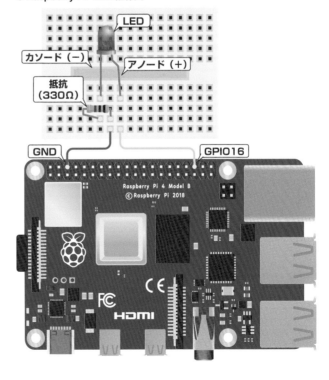

LED

カソード（−）　　アノード（＋）

抵抗
（330Ω）

GND　　　　　　　　　　　GPIO16

　先ほども説明しましたが、LEDには極性があるので、短い脚のカソード側とRaspberry PiのGNDをつなぎます。電流を調整するために330Ωの抵抗を挟んでいます。長い方のアノード側はGPIO 16番につなぎます。

　実際につないだ写真は次の通りです。

●Raspberry PiとLED接続写真

》 Lチカのプログラム

　配線ができたので、LEDを点滅させるプログラムをPythonで作成します。

　LEDが0.5秒おきに点滅するようなプログラム「led.py」を次のように記述します。

●led.py プログラム

```
led.py

# -*- coding: utf-8 -*-  ①

import time  ②
import RPi.GPIO as GPIO

LED     = 16  --- ③

GPIO.setmode(GPIO.BCM)  ④
GPIO.setup(LED, GPIO.OUT)

for i in range(3):  ⑤
        time.sleep(0.5)
        GPIO.output(LED, GPIO.HIGH)
        print( "LED ON!" )
        time.sleep(0.5)
        GPIO.output(LED, GPIO.LOW)
```

①文字コード「UTF-8」を記述します。

②必要なライブラリを読み込みます。時間を制御するtimeと、GPIOのライブラリのインポートをします。

③LEDという変数を宣言し、GPIO16につないだので「16」と記述します。

④GPIO番号は、物理ピン番号（左上からの連番）では無く、Raspberry Pi側で役割が割り振られたBCMという番号で指定します。

変数「LED」（GPIO16）を「GPIO.OUT」（出力）と定義します。

⑤3回同じ動作をさせるループ文です。

その中で「GPIO.output」関数で、先ほどのLED変数を「HIGH」にします。これによりGPIOが点灯します。0.5秒カウントした後、GPIO.outputでLEDを「LOW」にします。これによりLEDは消灯します。

プログラムをコマンドで実行します。python3コマンドに続いてプログラム名（led.py）を指定して実行します。

```
pi@raspberrypi:~/Programs $ python3 led.py ⏎
LED ON!
LED ON!
LED ON!
```

このプログラムによって0.5秒おきにLEDが点灯し、ターミナル上では「LED ON!」というメッセージが出力されます。

●LED点灯時

　これで電子工作の最初のステップ、Raspberry PiでLチカの完成です。Chapter3以降、本格的なAI電子工作に入っていきます。

Chapter 3

Alexa
スマートスピーカーを
自作してみよう

スマートスピーカーの代名詞ともいえる Amazon 社が提供する Alexa。この Alexa を Raspberry Pi を使って自作することができます。一連の流れに従って、インストール、セットアップするだけで、数時間で自分自身の Alexa を作ることができます。そのカスタマイズ方法も解説します。

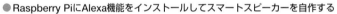

AmazonのAIとAlexa

通販会社として有名なAmazon社は、AIとしての機能をAmazon Web Service（AWS）上で外部に提供したり、AIハードウェアの製造・販売をしたりしています。中でも、Amazonがスマートスピーカーとして販売しているAlexaが有名です。AlexaのSDKがAlexa Voice Service（AVS）として提供されているので、これを使って自作のAlexaを作っていきます。

▶ Chapter3で作るものと必要部品

Chapter3では**Amazon Alexa**のような機能を持ったスマートスピーカーを自作します。
このデバイスを作るために必要な部品は次のようなものです。

● Raspberry PiにAlexa機能をインストールしてスマートスピーカーを自作する

利用部品名（製品名）

- **Raspberry Pi 4 B**（Raspberry Pi 4 Model B 4GB）⋯⋯⋯⋯⋯⋯⋯⋯⋯⋯⋯⋯⋯1
- **小型スピーカー**（LC-dolidaポータブルスピーカー ミニ 小型 ステレオ大音量 3.5mmジャック）⋯⋯1
- **USBマイク**（超小型USBマイク PC Mac用ミニUSBマイク）⋯⋯⋯⋯⋯⋯⋯⋯1
- **LED**（3mm赤色LED）⋯⋯⋯⋯⋯⋯⋯⋯⋯⋯⋯⋯⋯⋯⋯⋯⋯⋯⋯⋯⋯⋯⋯⋯1
- **ジャンパーケーブル**（ブレッドボード・ジャンパー延長ワイヤケーブル（メス—メス））⋯⋯⋯⋯2
- **Raspberry Pi用ケース**⋯⋯⋯⋯⋯⋯⋯⋯⋯⋯⋯⋯⋯⋯⋯⋯⋯⋯⋯⋯⋯⋯⋯⋯1

▶ AmazonのAIに関して

　AmazonはEコマース・ショッピングのサービスを提供していますが、そのサイトで使われているサーバー環境やAI機能をクラウドの形で外部にも提供しています。そのクラウド・サービス全体を**Amazon Web Services**（**AWS**）といいます。

　AWSの中には数多くのサービスがありますが、その中の代表的なAI機能を紹介します。AWSにログインして、「AIサービス」部分を見ると、主要なもので次のような機能があります。

- ● **画像解析機能の Amazon Rekognition**
- ● **文字起こしの Amazon Textract**
- ● **音声認識機能の Amazon Transcribe**
- ● **音声合成の Amazon Polly**
- ● **翻訳機能の Amazon Translate**

　AWSに登録すると、このようなAIサービスをRaspberry Piなどの外部からAPI（Application Programable Interface）として呼び出すことができます。

Chapter **3**

Alexaスマートスピーカーを自作してみよう

●Amazonの AI系 APIの例（https://aws.amazon.com/jp/machine-learning/ai-services/）

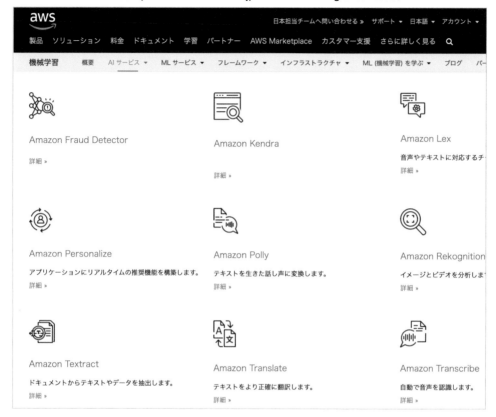

▶ Amazonの音声会話機能Alexa

AmazonのAIサービスの中には、人の声に応答する音声アシスタント機能もあります。それを使ったスマートスピーカー「**Alexa**」は、Amazonが提供・販売するAIデバイスでもっとも有名なものでしょう。

Alexaを搭載したAmazon Echoなどのハードウェアデバイスに「Alexa（アレクサ）」と呼びかけると、天気やニュース、音楽などさまざまな情報を提供してくれたり、音声によるやり取りでAmazonで買い物ができたりします。

Alexaには「**スキル**」と呼ばれる会話の中での機能を追加できます。出前を注文したり、タクシーを呼ぶ機能を追加したりできます。このスキルを利用できる機能が「**Alexa Skill Kit**」です。

● Amazon Echo（https://www.amazon.co.jp/dp/B071ZF5KCM）

Alexa機能をカーナビや他のデバイスなどに追加することもできます。そのために用意されているのが**Alexa Voice Service（AVS）**です。

● Alexaトップ画面（https://developer.amazon.com/ja-JP/alexa）

Alexaとは？

Alexaは、Amazon Echoや、Alexaが使えるデバイスの中枢となる音声サービスです。Alexaが使えるデバイスの操作には、普段から無意識に使っている「声」という直感的な方法を使います。

Alexaの大きな特徴として、サードパーティや個人の開発者による独自拡張があります。拡張の仕組みは大きくわけて2種類があり、Alexaで使える独自機能の追加を「Alexaスキル」、独自デバイスによるAlexa連携を「Alexa Voice Service (AVS)」と呼んでいます。

Alexaスキルでは、スキル内課金を使って開発者が収益化を目指すことができます。

Alexa Skills Kit

Alexa Skills Kit (ASK)とは、皆様が素早く簡単にAlexaのスキルを追加できるよう、セルフサービスの一連のAPI、ツール、ドキュメント、コードサンプルをまとめたものです。すべてのコードはクラウド側で実行され、ユーザーの端末には何もインストールされません。

Alexaスキルの開発を始める

Alexa Voice Service

Alexa Voice Service (AVS)は、あらゆるコネクテッドデバイスに音声対応の操作性を追加する知的で壮大なクラウドサービスです。必要なのはマイクとスピーカーだけです。ユーザーはAlexa搭載製品に話し掛けるだけで、簡単にコントロール・管理することができるのです。

Alexa Voice Service入門ガイド

Alexaスマートホーム

Alexaが提供する機能、スキルを利用して、ユーザーは、よりパーソナライズされた操作性を実現することができます。ドアロック、照明などのスマートホームデバイスを、ユーザーはAlexaを使ってコントロールすることができます。

Alexaスマートホーム

　他のメーカーなどがAlexa搭載製品を作れるよう、このAVSが外部に公開されています。このAVSはRaspberry Piにも対応しているので、個人でもAlexaのようなスマートスピーカーを自作できるのです。

● Alexa Voice Service（https://developer.amazon.com/ja-JP/alexa/alexa-voice-service）

▶ Alexaデバイスを自作するためのステップ

　スマートスピーカーを自作するにあたっては、前述のようにAVSを使用します。Raspberry Piに対応した**AVS SDK**（ソフトウェア開発キット）があり、これをインストール、セットアップするドキュメントが用意されています。詳細は次の「Prototype with the SDK and a Raspberry Pi」を参照してください。

● AVSのページ
（https://developer.amazon.com/en-US/docs/alexa/alexa-voice-service/register-a-product.html）

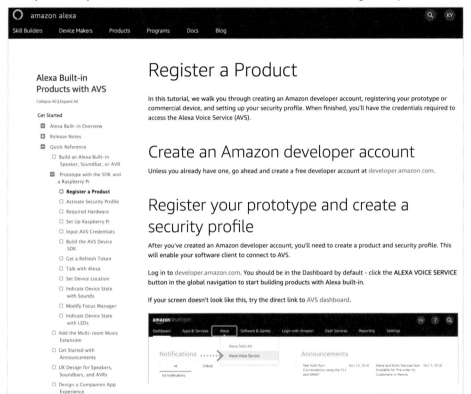

　AVSを使うと、Raspberry Pi上でAlexaを使ったデバイスを作ることができます。その構築方法を以降のSection で解説します。

　まず次節のSection 3-2で、Amazon Web Service上の「Alexa Voice Serviceの設定」を行います。

　次にSection 3-3でRaspberry Piに対して「SDKのインストール」を実施します。

　Section 3-4ではいよいよ「ハードウェアの組み立てとAlexaの使用」をします。自作のAlexaデバイスを作り上げます。

　Section 3-5の「Alexaのカスタマイズ」では、Alexaに対応した色を光らせるようなカスタマイズまで行います。

　それでは、Alexaを使ったスマートスピーカーを作っていきましょう。

Section 3-2 ▶ Alexa Voice Serviceの設定

AmazonのAI・API機能を使うに当たり、まずクラウドサービスAWSの登録を行います。そしてAlexa機能に当たるAVSを設定します。

▶ AWSの登録

AmazonのAI・APIを使うためには、まずAWSにサインオンしてAPI機能を有効化する必要があります。

AWSのサイト（https://aws.amazon.com/）にアクセスします。まだAWSへ登録していない場合は、「無料サインアップ」をクリックします。

●AWS（Amazon Web Service）のトップ画面（https://aws.amazon.com/）

AWSには最初の12ヶ月の無料利用枠などがあり、無料で始められます。メールアドレス、パスワードなどを登録してAWSのユーザー登録を行います。

●AWSのサインアップ画面

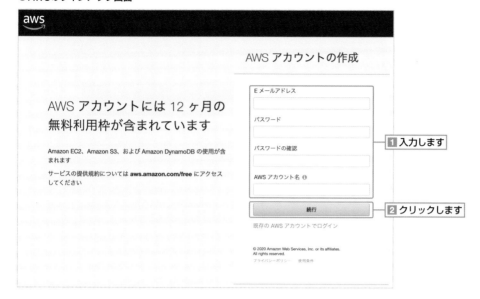

▶ Alexa Voice Serviceの設定

AVS（Alexa Voice Service）の設定を行います。AVSセットアップの手順は次のようなステップです。

1. 製品情報の登録
2. セキュリティプロファイルの設定
3. 製品登録の完了と確認
4. プロファイルの有効化

このステップに従って1つずつ実行しましょう。

》 1. 製品情報の登録

1 AmazonのDeveloperサイト（https://developer.amazon.com/）ブラウザでアクセスにします。

2 上部の「Alexa」メニューをクリックし、「Alexa Voice Service」を選択します。

3 「製品」ボタンをクリックし、製品情報を入力していきます。

4 「商品」（製品）タブの「新しい商品を追加」をクリックします。

5 次のような製品情報を参考にして、各項目を入力・選択していきます。

項目名	設定内容（例）
製品名	RasAi Alexa Device
製品ID	RasAiAlexaDevice
製品タイプ	Alexa内蔵の端末
コンパニオンアプリの使用	いいえ
商品カテゴリー	Prototype
製品概要	Alexa内蔵機器

項目名	設定内容（例）
やり取りの方法	ハンズフリー
商品として配布	いいえ
Alexa for Business	いいえ
アカウントの関連付け	いいえ
子供向け商品	いいえ

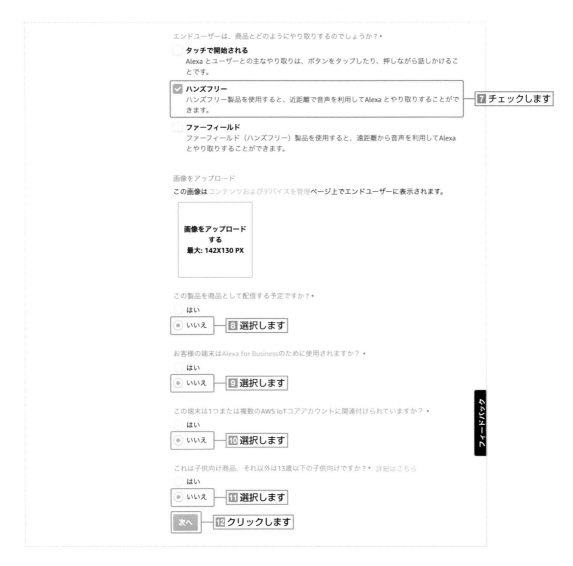

エンドユーザーは、商品とどのようにやり取りするのでしょうか？ *

タッチで開始される
Alexa とユーザーとの主なやり取りは、ボタンをタップしたり、押しながら話しかけることです。

☑ ハンズフリー
ハンズフリー製品を使用すると、近距離で音声を利用してAlexa とやり取りすることができます。 ── 7 チェックします

ファーフィールド
ファーフィールド（ハンズフリー）製品を使用すると、遠距離から音声を利用してAlexa とやり取りすることができます。

画像をアップロード
この画像はコンテンツおよびデバイスを管理ページ上でエンドユーザーに表示されます。

画像をアップロード
する
最大: 142X130 PX

この製品を商品として配信する予定ですか？ *
はい
◉ いいえ ── 8 選択します

お客様の端末はAlexa for Businessのために使用されますか？ *
はい
◉ いいえ ── 9 選択します

この端末は1つまたは複数のAWS IoTコアアカウントに関連付けられていますか？ *
はい
◉ いいえ ── 10 選択します

これは子供向け商品、それ以外は13歳以下の子供向けですか？ * 詳細はこちら
はい
◉ いいえ ── 11 選択します
次へ ── 12 クリックします

必要内容の設定が終わったら「次へ」ボタンをクリックします。

Chapter
3

Alexaスマートスピーカーを自作してみよう

フィードバック

》 2. セキュリティプロファイルの設定

1 続いて、セキュリティプロファイルを作成します。
「プロフィールを新規作成する」をクリックし、次のような内容を設定します。

項目名	設定内容（例）
セキュリティプロファイル名	RasAiAlexaProject
セキュリティプロファイル記述	RasAi Alexa Project

2 次のように「セキュリティプロファイルID」「クライアントID」「クライアントのシークレット」が生成され
ます。後で使用するので、コピーして保存しておきます。

ステップ2/2

LWA セキュリティプロファイル

「Amazonアカウントでログイン」のセキュリティプロファイルが必要です。これは、1つ以上の商品でのセキュリティ認証情報など
のAmazonデータを関連付けます。詳細はこちら

セキュリティプロファイルを選択する

セキュリティプロファイルは、ユーザーデー
タとセキュリティ認証情報を1つ以上の商品に
関連付けます。

セキュリティプロファイル *

RasAiAlexaProject ▾

または プロフィールを新規作成する

セキュリティプロファイルの説明

RasAi Alexa Project

セキュリティプロファイル ID ⓘ

amzn0abc1def2ghi3jkl4mno5pqr6stu7vwx8yz9109e2   コピー ── **1** コピーします

プラットフォーム情報

選択した セキュリティプロファイルを使い
[Amazonでログイン]を使うウェブサイトやモ
バイルアプリの設定を指定します。

ウェブ Android / Kindle iOS 他のデバイスやプラットフォーム

すべての可能な出荷地の URL をLWA ウェブ実装に追加し、ウェブクライアント ID とシーク
レットに関連付けます。詳細はこちら

クライアント ID ⓘ

amzrn0abc1def2ghi3jkl4mno5pqr6stu7vwx8yz91090abc1def204   コピー ── **2** コピーします

クライアントのシークレット ⓘ

14n0abc1def2ghi3jkl4mno5pqr6stu7vwx8yz91090abc1def2ghi3jkl4mb   コピー ── **3** コピーします

許可された出荷地 ⓘ

https://www.example.com

3 プラットフォーム情報を生成します。「プラットフォーム情報」セクションで、「他のデバイスやプラットフォーム」を選択します。
「クライアントID名」欄に「Prototype」と入力します。入力したら下部の「一般ID」ボタンをクリックします。

4 情報ファイルをダウンロードします。「一般ID」ボタンをクリックすると「クライアントID」が生成され、それをダウンロードできるようになります。「ダウンロード」ボタンをクリックして、ファイルをパソコンにダウンロードします。

》 3. 製品作成の完了と確認

　情報ファイルをダウンロードしたら、画面下部にある同意文言にチェックを入れ、「完了」ボタンをクリックすると商品が作成されます。確認ダイアログが表示されたら「OK」ボタンをクリックします。

　「商品」ページにはクライアントIDなどの商品固有情報が表示されています。メモを取り忘れたり紛失した場合は、このページで再度確認できます。

○ alexa voice service 　　　　　　　　　　　　　　　　　　　　　　🔍　KY　⋮

🏠　商品　分析　リソース　サポート　設定　　　　　Ktripsの管理者としてサインインしました

< 全商品に戻る

RasAi Alexa Device　　　　　　　　　　　　　商品を削除　　分析を表示する

クライアント ID　　　　　　　　　　　　　　　　　　　　**Amazon ID**
amznn0abc1def2ghi3jkl4mno5pqr6stu7vwx8yz91090abc1def04　　An0abc1def2ghK

クライアントのシークレット
141n0abc1def2ghi3jkl4mno5pqr6stu7vwx8yz91090abc1def2ghi3jkl4cbe

商品の詳細　テストツール

情報　　　　　　　　　　　製品名 ★ ⓘ
セキュリティプロファイル　　　┌─────────────────────────────────────┐
能力　　　　　　　　　　　　　│ RasAi Alexa Device　　　　　　　　　　　│
エンターテイメント　　　　　　└─────────────────────────────────────┘
　　　　　　　　　　　　　　製品ID ★ ⓘ
　　　　　　　　　　　　　　┌─────────────────────────────────────┐
　　　　　　　　　　　　　　│ RasAiAlexaDevice　　　　　　　　　　　　│
　　　　　　　　　　　　　　└─────────────────────────────────────┘

≫ 4. セキュリティプロファイルの有効化

1 Login with Amazonページ（https://developer.amazon.com/lwa/sp/overview.html）にアクセスします。
先ほど設定したプロジェクト名（本書の例では「RasAiAlexaProject」）を選択し、「確認する」ボタンをクリックします。

2 ダミーでいいので適当なプライバシー規約同意URLを入力し、「保存」ボタンをクリックします。これで設定は完了です。

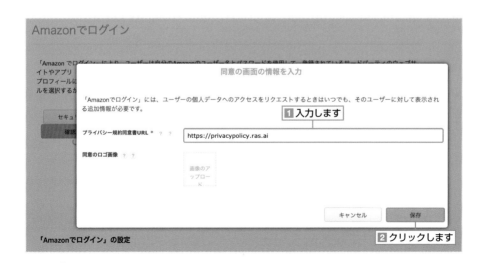

<table>
<tr><td>Section</td></tr>
<tr><td>**3-3**</td></tr>
</table>

AVS SDKのインストール

Raspberry PiにAVS SDKをインストールします。このインストールが完了すればいよいよRaspberry Pi
でAlexaが使えるようになります。

▶ SDKインストールの事前準備

インストールの事前準備として、Section 3-2で取得したconfigファイルをRaspberry Piに転送します。46ペ
ージで解説したように、WindowsであればFilezillaなどのファイル転送ツールを用いて、ユーザーのホームディ
レクトリに転送します。Macであればターミナルソフトを起動して次のようにscpコマンドで転送します。パス
ワード入力を求められたら、ユーザーのパスワードを入力します。

```
$ scp config.json pi@raspberrypi.local: ⏎
pi@raspi_address.local's password:
config.json          100% 136 39.2KM/s 00:00
```

転送したらRaspberry PiにSSHでログインします。ログインしたら、lsコマンドを実行して、ユーザーのホ
ームディレクトリ(/home/pi)上にconfig.jsonが存在するのを確認してください。

● Raspberry Pi側でファイルが転送されているのを確認

```
pi@raspberryai4:~ $ ls ⏎
Arc          Desktop     MagPi      Public                Templates
config.json  Documents   Music      python-tflite-source  Videos
coral        Downloads   Pictures   RasAi
```

▶ SDKのインストール

Raspberry Pi上で**AVS SDK**をインストールします。

1 端末を起動し、次のようにwgetコマンドでSDKをダウンロードします。

```
pi@raspberryai4:~ $ wget https://raw.githubusercontent.com/alexa/avs-device-sdk/master/tools/
Install/setup.sh ⏎
pi@raspberryai4:~ $ wget https://raw.githubusercontent.com/alexa/avs-device-sdk/master/tools/
Install/genConfig.sh ⏎
pi@raspberryai4:~ $ wget https://raw.githubusercontent.com/alexa/avs-device-sdk/master/tools/
```

Install/pi.sh ↵

2 ダウンロードが完了するとsetup.sh、genConfig.sh、pi.shなどのプログラムファイルがホームディレクトリに保存されています。

setup.shを実行します。実行時に、先ほどパソコンから転送したconfig.jsonファイルを指定します。実行には管理者権限が必要なので、sudoコマンドをつけて実行します。この処理は10分以上続くことがあります。

```
pi@raspberryai4:~ $ sudo bash setup.sh config.json [-s 1234] ↵
####################################################################
####################################################################


AVS Device SDK Raspberry pi Script - Terms and Agreements


The AVS Device SDK is dependent on several third-party libraries, environments,
and/or other software packages that are installed using this script from
third-party sources ("External Dependencies"). These are terms and conditions
associated with the External Dependencies
```

セットアップ実行中に、次のようなインストール確認メッセージが出て、処理が途中で止まります。「AGREE」と入力して Enter キーを押すと処理を再開します。

● Terms and Conditionsに同意する参考画面

```
If you do not agree with every term and condition associated with the External
Dependencies, enter "QUIT" in the command line when prompted by the installer.
Else enter "AGREE".



############################################################################
############################################################################
AGREE ↵
############################################################################
Proceeding with installation
```

```
##################################################################
==============> INSTALLING REQUIRED TOOLS AND PACKAGE ============

Hit:1 http://archive.raspberrypi.org/debian buster InRelease
Get:2 http://raspbian.raspberrypi.org/raspbian buster InRelease [15.0 kB]
Fetched 15.0 kB in 6s (2,433 B/s)
■eading package lists... 32%
```

「Completed Configuration/Build」と表示されたら完了です。

```
// To enable DEBUG, build with cmake option - DCMAKE_BUILD_
// And run the SampleApp similar to the following command.
// e.g. ./SampleApp /home/ubuntu/.../AlexaClientSDKConfig.
 **** Completed Configuration/Build ***
pi@raspberryai4:~ $
```

3 setup.shを実行すると、startsample.shというサンプルプログラムが作成されます。次のようにコマンド
でstartsample.shを実行します。

```
$ sudo bash startsample.sh ⏎
```

このプログラムを実行すると「NOT YET AUTHORIZED」というメッセージが画面に継続的に表示されま
す。その際、次のような「To authorize 〜 enter the code:」に続いて表示された5桁のコードをメモして
おきます。

● Authorizeのコードを取得する画面

```
2020-03-05 12:45:21.615 [  3] 5 CBLAuthDelegate:handleRequestingToken
###############################
#       NOT YET AUTHORIZED       #
###############################

                                                                メモする
################################################################
#       To authorize, browse to: 'https://amazon.com/us/code' and enter the code:[      ]  #
################################################################

2020-03-05 12:45:21.616 [  3] 5 CBLAuthDelegate:requestToken
#########################################
#       Checking for authorization (1)...       #
#########################################
```

4 Raspberry Pi上、あるいはパソコン側のブラウザを起動し、Authorization site（https://amazon.com/us/code）にアクセスします。
「Register Your Device」画面が表示されたら、先ほどRaspberry Pi上で表示された5桁のコードをここに入力します。「Continue」ボタンをクリックすると確認画面に移ります。

● Authorization Code入力画面（https://amazon.com/us/code）

内容を確認し問題なければ「Allow」ボタンクリックします。「Success」と表示されればAlexaのセットアップは完了です。

● AVSとAlexaアカウントの接続確認画面

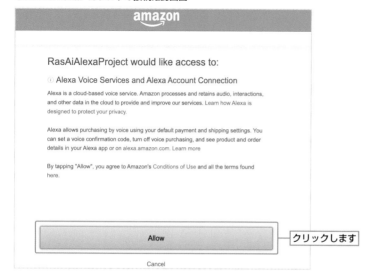

Section
3-4

ハードウェアの組み立てと
Alexaの使用

AVSで音声対応のソフトウェアがそろったので、スマートスピーカーのハードウェアを作ります。マイク、スピーカーなどを用意し組み立てるだけで簡単に作ることができます。最後にAlexaの利用を開始します。

▶ ハードウェアの組み立て

Section 3-1で紹介したスピーカーをRaspberry Piの音声ジャックに接続します。
また、USBマイクもUSBポートに接続します。電源も接続してください。

● Raspberry Piにスピーカーとマイクを接続する

　配線図です。ここではAlexaの起動確認のためにLEDを1つ付けています。LEDの接続はジャンパー線で直接つないでもいいですし、ブレッドボードを介しても構いません。

● スピーカーとマイク接続図

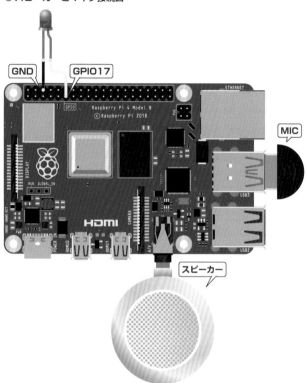

利用部品名（製品名）

- **Raspberry Pi 4 B**
  （Raspberry Pi 4 Model B / 4GB）‥‥‥‥‥1
- **小型スピーカー**
  （LC-dolidaポータブルスピーカー ミニ 小型 ステレオ大音量 3.5mmジャック）‥‥1
- **USBマイク**
  （超小型USBマイク
  PC Mac用ミニUSBマイク）‥‥‥‥‥‥1
- **LED**（3mm赤色LED）‥‥‥‥‥‥‥‥1
- **ジャンパーケーブル**
  （ブレッドボード・ジャンパー延長ワイヤ
  ケーブル（メス-メス））‥‥‥‥‥‥‥2
- **Raspberry Pi用ケース**‥‥‥‥‥‥‥‥1

▶ スピーカー、マイクの確認

　Raspberry Piに接続したスピーカーとマイクが有効になっているかを確認します。
　スピーカーの確認は「**aplay**」コマンドで行います。次のように-lオプションを付けて実行します。-lは、デバイスに接続されている機器をリスト表示するオプションです。

```
pi@raspberryai4:~ $ aplay -l ⏎
**** List of PLAYBACK Hardware Devices ****
card 0: ALSA [bcm2835 ALSA], device 0: bcm2835 ALSA [bcm2835 ALSA]
  Subdevices: 7/7
  Subdevice #0: subdevice #0
  Subdevice #1: subdevice #1
  Subdevice #2: subdevice #2
  Subdevice #3: subdevice #3
```

```
  Subdevice #4: subdevice #4
  Subdevice #5: subdevice #5
  Subdevice #6: subdevice #6
card 0: ALSA [bcm2835 ALSA], device 1: bcm2835 IEC958/HDMI [bcm2835 IEC958/HDMI]
  Subdevices: 1/1
  Subdevice #0: subdevice #0
card 0: ALSA [bcm2835 ALSA], device 2: bcm2835 IEC958/HDMI1 [bcm2835 IEC958/HDMI1]
  Subdevices: 1/1
  Subdevice #0: subdevice #0
```

　表示結果で「card 0:」「device 0:」と表示されているbcm2835 ALSAが小型スピーカーです。HDMIとHDMI1は、Raspberry Pi 4に2つあるMicro HDMI端子を指しています（ここでは使用しません）。

　次に「**arecord**」コマンドでマイク接続を確認します。arecord -I を実行します。

```
pi@raspberryai4:~ $ arecord -l ⏎
**** List of CAPTURE Hardware Devices ****
card 1: Device [USB PnP Sound Device], device 0: USB Audio [USB Audio]
  Subdevices: 1/1
  Subdevice #0: subdevice #0
```

　上の例では「card 1:」「device 0:」に表示されている「USB Audio」がマイクです。

　また、スピーカーなどの音量調整などのツールに「**alsamixer**」があります。alsamixerコマンドを実行すると次のような画面が表示され、音量調節が可能です。

```
pi@raspberryai4:~ $ alsamixer ⏎
```

●alsamixerの音量などの設定画面

▶ Alexaを使ってみよう！

Raspberry PiからAlexaを起動して使用してみましょう。

startsample.shを起動します。先ほど起動したままであればそのままで構いませんが、ハードウェアの接続などでRaspberry Piを停止したり再起動したりしてstartsample.shが動いていない場合は、次のコマンドでAlexaサンプルプログラムを実行します。実行には管理者権限が必要です。

```
$ sudo bash startsample.sh ↵
```

プログラム実行後にさまざまなメッセージが表示されます。次のような表示が出たら、Raspberry Piがウェイクワード（Alexaを起動するコマンド）を聴く準備ができている状態です。

```
2021-09-05 12:48:17.440 [ 34] 9 LibcurlHTTP2Connection:releaseStream:streamId=AVSE
vent-33
2021-09-05 12:48:17.440 [ 34] 7 MessageRequestHandler:reportMessageRequestAcknowle
dged
2021-09-05 12:48:17.440 [ 34] 7 MessageRequestHandler:reportMessageRequestFinished
```

ここで「Alexa（アレクサ）」とマイクに向かって呼びかけましょう。

Alexaと呼びかけて、その後いくつかのメッセージが流れたら、はじめは英語で「What's your name?」や「What time is it now?」などと呼びかけてみましょう。Alexaが英語で応えてくれれば、Alexaが正常に動いています。もし何も答えない（聞こえない）場合は、スピーカーの音量が正常であるかや、マイクが動作しているかなどを確認してください。

▶ Alexaの日本語化

Alexaデフォルト言語は英語です。日本語での受け答えに変更します。

startsample.shが実行されている状態でキーボードのⒸキーを入力します。すると「Setting Options」が表示されます。

```
c
+-------------------------------------------------------------------------+
|                         Setting Options:                                |
|  Press '1' followed by Enter to see language options.                    |
|  Press '2' followed by Enter to see Do Not Disturb options.              |
|  Press '3' followed by Enter to see wake word confirmation options.      |
|  Press '4' followed by Enter to see speech confirmation options.         |
|  Press '5' followed by Enter to see time zone options.                   |
|  Press '6' followed by Enter to see the network options.                 |
|  Press '7' followed by Enter to see the Alarm Volume Ramp options.       |
```

```
| Press 'q' followed by Enter to exit Settings Options.                    |
+-------------------------------------------------------------------------+
```

「1」を入力すると「Language Options」が起動します。

```
1
+-------------------------------------------------------------------------+
|                         Language Options:                               |
|                                                                         |
| Press '1' followed by Enter to change the locale to de-DE               |
| Press '2' followed by Enter to change the locale to en-AU               |
| Press '3' followed by Enter to change the locale to en-CA               |
| Press '4' followed by Enter to change the locale to en-GB               |
| Press '5' followed by Enter to change the locale to en-IN               |
| Press '6' followed by Enter to change the locale to en-US               |
| Press '7' followed by Enter to change the locale to es-ES               |
| Press '8' followed by Enter to change the locale to es-MX               |
| Press '9' followed by Enter to change the locale to es-US               |
| Press '10' followed by Enter to change the locale to fr-CA              |
| Press '11' followed by Enter to change the locale to fr-FR              |
| Press '12' followed by Enter to change the locale to hi-IN              |
| Press '13' followed by Enter to change the locale to it-IT              |
| Press '14' followed by Enter to change the locale to ja-JP              |
| Press '15' followed by Enter to change the locale to pt-BR              |
| Press '16' followed by Enter to change the locale combinations to ["en-CA","fr-CA"] |
| Press '17' followed by Enter to change the locale combinations to ["fr-CA", "en-CA"] |
| Press 'O' followed by Enter to quit.                                    |
+-------------------------------------------------------------------------+
```

「14」を入力すると日本語（ja-JP）を設定します。

日本語化できたので、再度 startsample.sh を実行します。「Alexa（アレクサ）」とウェイクワードをマイクに話しかけ、今度は日本語で「今日の天気は何ですか？」などと話しかけてみましょう。次のように「日本弦巻」などの天気を教えてくれているのがわかります。

```
2020-03-08 06:34:22.243 [ 2b] 3 TemplateRuntime:executeRenderTemplateCallbacks:i
sClear=False
################################################################################
#       RenderTemplateCard
#-------------------------------------------------------------------------------
# Focus State          : FOREGROUND
# Template Type        : WeatherTemplate
# Main Title           : 日本弦巻
################################################################################

2020-03-08 06:34:22.247 [ 2b] 3 TemplateRuntime:executeOnFocusChangedEvent:prevS
tate=ACQUIRING,nextState=DISPLAYING
```

▶ Alexaのその他設定

組み込んだAlexaの設定をブラウザ（GUI）で行うことが可能です。

ブラウザでhttps://alexa.amazon.com/にアクセスします。自分のAlexa名を選択し、タイムゾーンや気温の単位などを変更できます。

● Alexa設定画面（https://alexa.amazon.com/）

▶ Alexaプログラムの自動起動

Raspberry Piのシステムが起動した際に、自動でAlexaが起動するように設定しましょう。

自動起動用の設定ファイルを作成します。viコマンドでalexasample.serviceファイルを作成・編集します。

```
$ sudo vi alexasample.service ↵
```

次のようにalexasample.serviceファイルを記述します。

● 自動起動ファイル alexasample.serviceの記述

alexasample.service

```
Description=Alexa Sample Program

[Service]
ExecStart=sudo /bin/bash /home/pi/startsample.sh
WorkingDirectory=/home/pi/RasAi4
Restart=always
User=pi

[Install]
WantedBy=multi-user.target
```

ファイルを保存し、起動ファイルを次のように登録します。実行には管理者権限が必要です。

cpコマンドで/etc/systemd/system/にコピーします。

```
pi@raspberryai4:~ $ sudo cp alexasample.service /etc/systemd/system/ ↵
```

systemctl enableコマンドでalexasample.serviceをシステムに登録します。

```
pi@raspberryai4:~ $ sudo systemctl enable alexasample.service ↵
```

systemctl startコマンドでalexasample.serviceをシステム起動時に実行するように設定します。

```
pi@raspberryai4:~ $ sudo systemctl start alexasample.service ↵
```

systemctl status alexasample.serviceと実行し、設定が正しく登録されているか確認しましょう。次のように表示されていれば無事登録されています。

```
pi@raspberryai4:~ $ sudo systemctl status alexasample.service ↵
● alexasample.service
  Loaded: loaded (/etc/systemd/system/alexasample.service; enabled; vendor preset: enabled)
```

Chapter

3

Alexaスマートスピーカーを自作してみよう

```
     Active: active (running) since Sun 2020-03-15 12:11:33 JST; 6s ago
   Main PID: 2275 (sudo)
      Tasks: 24 (limit: 4915)
     Memory: 24.7M
     CGroup: /system.slice/alexasample.service
             ├─2275 /usr/bin/sudo /bin/bash /home/pi/startsample.sh
             ├─2283 /bin/bash /home/pi/startsample.sh
             └─2284 ./SampleApp /home/pi/build/Integration/AlexaClientSDKConfig.json /home/pi/third-party/alexa-rpi/
```

Raspberry Piを再起動してください。

```
$ sudo reboot now ⏎
```

システム起動してしばらく待ってから「Alexa（アレクサ）」と呼び掛けましょう。先ほどのように返答したら自動起動が上手くいっています。

Alexaにいろいろなことを話しかけて、Raspberry Pi製のスマートスピーカーを便利に使ってみてください。

●Raspberry Piで作ったAlexaデバイス

Alexaのカスタマイズ

**Section
3-5**

前節までで、基本的なAlexa機能をRaspberry Piに実装しました。このAlexaにLEDなどハードウェアを
追加して、カスタマイズを行います。自分独自のスマートスピーカーを作れるようになります。

▶ Alexaデバイスに機能を追加

AVSをインストールしたRaspberry Piをカスタマイズして、独自のAlexaデバイスを作ることができます。ここではAlexaの反応に合わせて音声やLEDを追加するようにします。

まず右の配線図のようにLEDをRaspberry Piに接続します。

● Raspberry Pi にLEDを接続した配線図

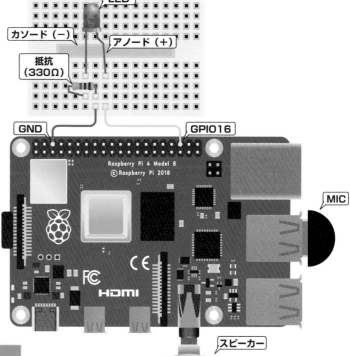

LED側	Raspberry Pi側
アノード（＋）	GPIO16
カソード（－）	330Ω抵抗をはさんでGND

99

　LEDをつないだRaspberry Piは写真では次のようになります。Section 2-5で解説したように、Raspberry Pi
でLEDを光らせるプログラムを使って、LEDが正常に光るか確かめておいてください。

●**Rasbperry PiにLEDを接続**

　Alexaの反応に合わせて音声を追加するために音声ファイルのサンプルを入手します。
　AVSのダッシュボード（https://developer.amazon.com/alexa/console/avs/home）にブラウザでアクセス
し、「リソース」タブを選択します。

● AVS Developerダッシュボード画面（https://developer.amazon.com/alexa/console/avs/home）

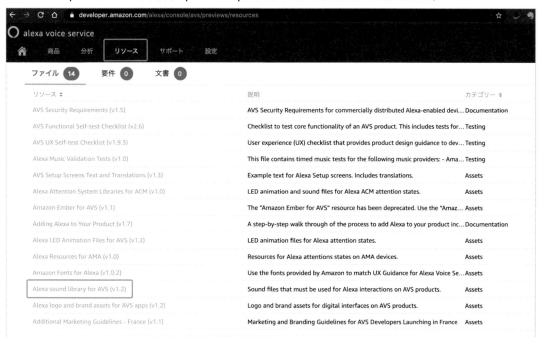

リソースタブの「Alexa sound library for AVS」をダウンロードします。ダウンロードしたZipファイルを展開します。展開した「Key Sounds for AVS」フォルダ内の「med_ui_wakesound.wav」ファイルを使用します。

パソコンからRaspberry Piへファイル転送ソフトでRaspberry Piに転送しておきます。ホームディレクトリ内に「sounds」フォルダを作成して格納します。Filezillaを用いて転送する場合は、Filezilla上でフォルダを作成することも可能です。Macでscpで転送する場合は転送先を「:sounds」と指定すると「/home/pi/sounds」ディレクトリにコピーされます。

```
$ scp med_ui_wakesound.wav pi@raspberrypi.local:sounds ⏎
```

▶ AVSのカスタマイズ

Raspberry PiにインストールしたAVSをカスタマイズしていきます。

最初にstartsample.pyが実行中であれば Ctrl + C キーで停止します。

AVSが格納されているディレクトリ（/home/pi/avs-device-sdk/SampleApp/src）へcdコマンドで移動します。

```
pi@raspberryai4:~ $ cd /home/pi/avs-device-sdk/SampleApp/src ⏎
```

main.cppをviで編集します。

```
pi@raspberryai4:~ $ vi main.cpp ⏎
```

Raspberry Piのピンを操作するWiringPiというライブラリを追加します。

● main.cpp（水色部分が変更部分）

main.cpp

```
...

#include <cstdlib>
#include <string>

#include <wiringPi.h> ①

using namespace alexaClientSDK::sampleApp;

...

int main(int argc, char* argv[]) {

    wiringPiSetup() ; ②
    pinMode (16, OUTPUT) ; ③

    std::vector<std::string> configFiles;
    ...
```

①Raspberry PiのGPIOを操るWiringPiを読み込みます。
②WiringPiをセットアップできるようにします。
③LEDをセットしたGPIOピン（16）を指定します。

Alexaの動きを操るUIManager.cppを編集します。

```
pi@raspberryai4:~ $ vi UIManager.cpp ⏎
```

先ほどのWiringPiと音声コントロールを追加します。またAlexaが音声を聞いているLISTENING部分に、先ほどダウンロードしたサウンドやLEDを光らせる命令を挿入します。

● UIManager.cpp (水色部分が変更部分)

UIManager.cpp

```
...
#include <sstream>

#include <wiringPi.h> ①
#include <cstdlib> ②

#include "SampleApp/UIManager.h"

...

void UIManager::printWelcomeScreen() {
    digitalWrite(16, LOW); ③
    m_executor.submit([]() { ConsolePrinter:: simplePrint(ALEXA_WELCOME_MESSAGE);
  });
}
...

case DialogUXState::IDLE:
    digitalWrite (16, HIGH);
    consolePrinter::prettyPrint( "Alexa is currently idle!" );
    return;

case DialogUXState::LISTENING:
    consolePrinter::prettyPrint( "Listening…" );
    digitalWrite (16, HIGH); ④
    system("play /home/pi/sounds/med_ui_wakesound.wav"); ⑤
    return;

case DialogUXState::THINKING:
    digitalWrite (16, LOW); ⑥
    consolePrinter::prettyPrint( "Thinking…" );
    return;

...
```

① Raspberry PiのGPIOを操るWiringPiを読み込みます。

② 音声出力を行うライブラリを読み込みます。

③ Welcome Screenと呼ばれる部分ではLEDを消しておくコマンドを入れます。

④ AlexaがLISTENING状態のときはLEDを点けるようにします。

⑤ 音声を聞き始めたところで、wakesound.wavを再生させるようにします。

⑥ THINKINGのときはLEDを消すようにします。

最後にCMakeLists.txtというファイルを編集します。

```
pi@raspberryai4:~ $ vi CMakeLists.txt ⏎
```

プログラム中の最後の行に、WiringPiを読み込むリンクを追加します。

●CMakeLists.txt（水色部分を最終行に追加）

CMakeLists.txt

```
...
    rt m pthread asound atomic)
endif()

add_executable(SampleApp
    main.cpp)

target_link_libraries(SampleApp "-lwiringPi")
```

▶ Alexaサンプルプログラムのリビルドとリスタート

AVSのソースプログラムの変更が完了したら、変更を適用するためにプログラムをリビルドします。

cdコマンドで/home/pi/avs-device-sdk/SampleApp/src/ build/SampleApp/ へ移動します（下の例ではsrcディレクトリから相対パスで指定しています）。

makeコマンドを実行します。実行には管理者権限が必要です。ビルドには少し時間がかかります。

```
pi@raspberryai:~ $ cd build/SampleApp/ ⏎
pi@raspberryai:~/build/SampleApp $ sudo make ⏎
[ 30%] Built target AVSCommon
[ 30%] Built target SQLiteStorage
[ 30%] Built target RegistrationManager
[ 30%] Built target CBLAuthDelegate
[ 30%] Built target SynchronizeStateSender
[ 35%] Built target ACL
[ 38%] Built target ADSL
[ 38%] Built target InterruptModel
[ 38%] Built target AFML
[ 40%] Built target Captions
[ 42%] Built target AVSGatewayManager
...
```

ビルド完了後、認証ファイルを再度セットアップする必要があります。

cdコマンドでホームディレクトリに移動し、setup.shを実行して認証ファイルを適用します。処理中に規約の同意を求められたら「AGREE」と入力します。

```
pi@raspberryai:~ $ cd /home/pi ⏎
pi@raspberryai:~ $ sudo bash setup.sh config.json ⏎
####################################################################
####################################################################
```

```
AVS Device SDK Raspberry pi Script - Terms and Agreements

The AVS Device SDK is dependent on several third-party libraries, environments,
and/or other software packages that are installed using this script from
third-party sources ("External Dependencies"). These are terms and conditions
associated with the External Dependencies
(available at https://github.com/alexa/avs-device-sdk/wiki/Dependencies) that
you need to agree to abide by if you choose to install the External Dependencies.

If you do not agree with every term and condition associated with the External
Dependencies, enter "QUIT" in the command line when prompted by the installer.
Else enter "AGREE".

#############################################################################
#############################################################################
AGREE ⏎
#############################################################################
Proceeding with installation
...
```

再度Alexaサンプルプログラム（startsample.sh）を実行します。

```
pi@raspberryai:~ $ bash startsample.sh ⏎
2021-09-05 21:40:26.095 [  1] I sdkVersion: 1.18.0
configFile /home/pi/build/Integration/AlexaClientSDKConfig.json
Running app with log level: DEBUG9
2021-09-05 21:40:26.111 [  1] 0 ConfigurationNode:initializeSuccess
```

「Alexa（アレクサ）」と話しかけてみましょう。音声を聞いている「Listening」状態の際にLEDが光ります。また「ポロン」というサウンドも聞こえるはずです。

●**Alexaの状態によりLEDが光る様子**

　AVSに機能を追加してカスタマイズできました。さまざまな機能を追加してAlexaを便利にしてみてください。

Chapter 4

ウェアラブル翻訳機を
作る

ウェアラブル型 AI デバイスとして、腕時計型翻訳機を作
ります。Raspberry Pi ファミリーの中でも小型の Rasp
berry Pi Zero を活用します。小型でも十分に AI 機能が使
えるので、驚かれること間違いなしですよ！

Section 4-1 ウェアラブルAIデバイスを作る

小型のRaspberry Pi Zero Wを使って、腕時計型のウェアラブル翻訳デバイスを作ります。Googleのリアルタイム文字起こし（STT）と翻訳（Translate）をRaspberry Pi Zeroにインストールして使います。小型なのにAI機能が入った電子工作です。

▶ でき上がるもの、必要部品

Chapter 4では、**Raspberry Pi Zero W**を使って小型ウェアラブルな音声、翻訳デバイスを作ります。このデバイスを作るために必要な部品は次のとおりです。

● Raspberry Pi ZeroにGoogle AI機能をインストールしてウェアラブルAIデバイスを作成

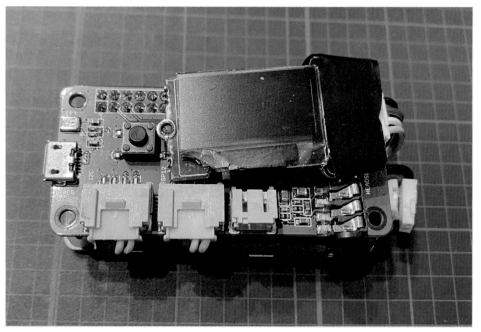

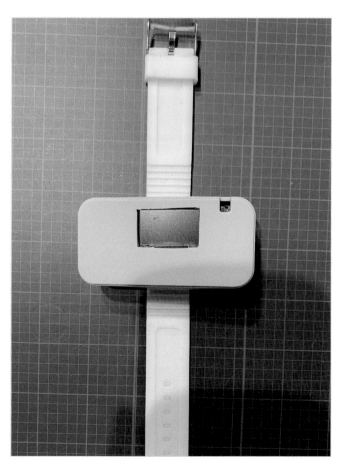

利用部品名（製品名）

- **Raspberry Pi Zero**（Raspberry Pi Zero W） ·· 1
- **Seeed ReSpeaker Hat**（ReSpeaker 2-Mics Pi HAT） ······························ 1
- **小型LCDディスプレイ**（GROVE - I2C OLEDディスプレイ128×64） ······· 1
- **USBマイク**（超小型USBマイク PC Mac用ミニUSBマイク） ······················ 1
- **リチウムポリマー電池**（リチウムイオンポリマー電池 3.7V 400mAh） ·············· 1
- **ジャンパー線**（ブレッドボード・ジャンパーワイヤ） ··· 4
- **小型スピーカー** ·· 1
- **時計型外装**

▶ GoogleのAI機能

　Web検索エンジンで有名な「**Google**」は、自社のプロダクトの中でさまざまなAI機能を使っています。検索時の入力候補（サジェスト）表示や、Google Photoの人物・物体検索、またGoogle翻訳やGoogle Mapにも多くのAI機能が使われています。

　GoogleはそういったAI技術を、自社プロダクトだけでなくAPIの形で外部にも開放（提供）しています。GoogleのAI機能はさまざまなものがありますが、その中でもAI機能を要素に分けて（画像認識や文字起こしなど）APIとして提供している「**AIビルディングブロック**」という仕組みを使います。AI機能を個別のAPIとしてブロックのように定義し、それらを組み合わせて使うことで驚くようなものを作れるからです。

》 Google AI Building Block

　GoogleのAIビルディングブロックのページ（https://cloud.google.com/products/ai/building-blocks）にアクセスすると、さまざまなAIが提供されているのがわかります。よく使われる機能には次のようなものがあります。

- ● 画像解析機能の Cloud Vision
- ● 音声認識機能の Cloud Speech-to-Text
- ● 音声合成の Cloud Text-to-Speech
- ● 翻訳機能の Cloud Translation

● Google Cloud AIブロックのページ（https://cloud.google.com/products/ai/building-blocks）

ここでは、GoogleのAI APIを使って小型翻訳機を作っていきます。それを使用するために、Google Cloud Platformを Raspberry Pi にインストールしていきます。

▶ Google Cloud Platformとインストールの手順について

GoogleのAIとAPIを使う際、環境を整えるのに大きく次の3つのステップがあります。

1. Google Cloud Platformの登録と設定
2. Clout Speech-to-Textのインストール
3. Cloud Translationnのインストール

第一のステップとして **Google Cloud Platform** の登録を行います。Google Cloud Platformは Googleのクラウド上のAPIなどを使用できるプラットフォームです。

Google Cloud Platformページ（https://cloud.google.com/）からサインオンします。サインオン後、API機能を有効化していきます。

●**Google Cloud Platformサイト**（https://cloud.google.com/）

　GoogleのAPIサービスは、一定範囲で個人的な電子工作で使うのであれば、ほとんどのサービスを無料で利用開始できます。価格の詳細はGoogle Cloudの料金ページ（https://cloud.google.com/pricing/）で確認してください。

　プライシングツール（https://cloud.google.com/products/calculator）もあります。ツールで料金を計算することもできます。

●**Google Cloudの料金ページ**（https://cloud.google.com/pricing/）

● AIビルディングブロックの料金リスト

このプラットフォームをインストールするためにアカウントを取得します。Google Cloud Platform（https://console.cloud.google.com）にアクセスし、Gmailアドレスなどでログインしましょう。

使用目的を選択しますが、個人的な電子工作であれば「自分用」を選んで登録を進めます。利用規約などを確認してサインアップします。

● Cloud Platformサインアップ画面

アカウント登録するとCloud Console画面が表示されます。最初は「組織なし」と記述されているプロジェクトを選択します。

● プロジェクトの選択画面

　最初に「新しいプロジェクト」ボタンをクリックして、新規プロジェクトを作成します。この際に請求先として
てクレジットカードなどの入力を求められますが、無料の範囲内であれば請求されることはありません。
　ここでは、サンプルのプロジェクトとして「RaspberryAi」というプロジェクト名にしています。今後、この
プロジェクトIDを使ってAPIを付与したり、設定を行っていくので、IDをメモしておいてください。

　プロジェクト名：RaspberryAi
　プロジェクトID：raspberryai

● **新しいプロジェクト登録画面**

● **プロジェクト情報画面**

　これでGoogle Cloud Platformの設定とAPIなどの登録ができました。

▶ 小型翻訳機を作るためのAI機能

　小型翻訳機を自作するにあたって、GoogleのAI APIの中でも文字起こしの「Speech-to-Text」と翻訳機能の「Translate API」を使用します。

》 Google Cloud Speech-to-Text

　Speech-to-Text（**STT**）はGoogleの音声認識を使ったリアルタイム文字起こしのAPIです。Speech-to-Textの詳細ドキュメントはhttps://cloud.google.com/speech-to-text/にあります。

●Google Speech-to-Text ドキュメントページ（https://cloud.google.com/speech-to-text/）

》 Google Translation API

Translation APIは、Googleの数多くの言語への翻訳機能をAPIとして提供しているものです。ウェブからも利用できますし、Raspberry PiにインストールするSDKも提供されています。

● Google Translate APIのページ（https://cloud.google.com/translate/）

GoogleのTranslate機能には幾つかの種類がありますが、その中でも比較的簡易に使い始められるTranslate Basic（https://cloud.google.com/translate/docs/basic/setup-basic）というものを本書では使っていきます。

● **Google Translate Basicのドキュメントページ**
（https://cloud.google.com/translate/docs/basic/setup-basic）

Speech-to-TextとTranslationを使うために、次節以降でGoogle APIのインストールとそのデバイス作りを行っていきます。

Section 4-2 ▶ Speech-to-Text（STT）の インストール

音声文字起こしのためにGoogle Cloud Speech-to-Text（STT）APIのインストールを行います。パソコンでの設定やRaspberry PiへのSDKのインストールなど複数のステップがありますが、GoogleのAPIを使うために必要な部分です。ここでマスターしておくと、今後GoogleのAI機能を使うのに役立ちます。

ウェアラブル翻訳機を作る

▶ Google Cloud Speech-to-Text APIのインストール

Googleの音声文字起こしのAPIは、**Cloud Speech-to-Text**や**Speech API**などと呼ばれています。
Speech APIのRaspberry Piへのインストールは次のようなステップです。

1. **APIの有効化**
2. **認証情報の設定**
3. **Python3環境の準備**
4. **Raspberry PiへのSDKのインストール**

それではSpeech APIをRaspberry Piにインストールしましょう。

》 1. Speech APIの有効化

Speech APIを使うために、前節で解説したCloud Platform上でAPIを有効化する必要があります。

Cloud Console（https://console.cloud.google.com/）にブラウザでアクセスし、上部の検索窓で「Speech」と入力して検索し、Speech APIを表示します。画面左上の「APIを有効にする」をクリックすると「APIを無効にする」と変化し、APIが有効になります。

● Google Cloud ConsoleからSpeech APIを有効化する

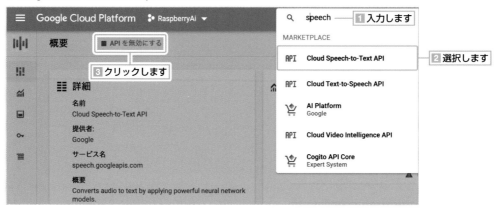

》 2. API認証情報の設定

Cloud Platformの認証情報メニュー（https://console.developers.google.com/apis/credentials）にアクセスし、APIの認証設定を行います。

● 認証情報メニューに遷移する

「サービスアカウントを作成」をクリックし、認証情報を作成します。

● サービスアカウントの作成画面

　適当なサービスアカウント名とID（例では「rasai2」）、サービスアカウントの説明文を入力し、「作成」ボタンをクリックします。

● サービスアカウント作成の必要情報

　プロジェクトやユーザーの権限の付与などが求められますが、オプション設定なので自分の使い方に合わせて設定してください。

　サービスアカウントが表示されるので、今回作成したアカウント（例では「rasai2」）を選択します。右側メニュー⋮から「鍵を作成」を選択します。

Chapter
4

ウェアラブル翻訳機を作る

● サービスアカウントの秘密鍵を作成する

キー（秘密鍵）のタイプを選択をします。「JSON」を選択して「作成」をクリックします。

秘密鍵がパソコンにダウンロードされました。

● 秘密鍵がパソコンにダウンロードされた

　ダウンロードした秘密鍵を、パソコンからRaspberry Pi Zero Wへ転送します。46ページで解説したように、Windowsであれば Filezilla などのファイル転送ツールを用いて、ユーザーのホームディレクトリに転送します。Macであればターミナルソフトを起動して次のようにscpコマンドで転送します。パスワード入力を求められたら、ユーザーのパスワードを入力します。

```
$ scp raspberryai-service-account.json pi@raspberryai.local: ⏎
pi@raspberryai.local's password:
raspberryai-service-account.json                  100% 2304    219.8KB/s    00:00
```

　転送したら、SSHでRaspberry Piにログインします。

```
$ ssh pi@raspberryai.local ⏎
```

　lsコマンドで、転送した秘密鍵ファイルがユーザーのホームディレクトリに転送されていることを確認してください。

```
pi@raspberryai:~ $ ls ⏎
Programs                 raspberryai-service-account.json
```

　次に、秘密鍵を環境変数として取り込みます。次のようにExportコマンドを使います。

```
pi@raspberryai:~ $ export GOOGLE_APPLICATION_CREDENTIALS="home/pi/raspberryai-serv
ice-account.json" ⏎
```

》》 3. Python3環境の準備

　GoogleのCloud APIはPython3が基本となっているので、Raspberry PiにPython3関連のライブラリをインストールします。
　まず、Python環境をバーチャル（仮想環境）化する「**Venv**」というツールをインストールして使っていきます。インストールはapt installコマンドで行います。

```
pi@raspberryai:~ $ sudo apt install python3-dev python3-venv ⏎
Reading package lists... Done
Building dependency tree
Reading state information... Done
python3-dev is already the newest version (3.5.3-1).
python3-venv is already the newest version (3.5.3-1).
…
```

　次に、仮想環境をenvフォルダに作成します。

```
pi@raspberryai:~ $ python3 -m venv env ⏎
```

作成したenvフォルダの中に格納された「**activate**」コマンドを用いてPython3環境をアクティベイトします。アクティベイトするとコンソール上の左側に「(env)」と表示されてPython3環境になっていることがわかります。

```
pi@raspberryai:~ $ source env/bin/activate ⏎
(env) pi@raspberryai:~ $ ┃ Python3環境になった
```

≫ 4. Raspberry PiへのSDKのインストール

Speech APIのSDKをRaspberry Piにインストールします。先ほどのPython3環境のアクティベイトを行って「(env)」と表示されているのを確認してください。

Speech APIのインストールには「**pip**」というPythonライブラリ導入ツールを使います。次のようにpipに--upgradeオプションを付け、google-cloud-speecの最新のバージョンをインストールします。

```
(env) pi@raspberryai:~ $ pip install --upgrade google-cloud-speech ⏎
Looking in indexes: https://pypi.org/simple, https://www.piwheels.org/simple
Collecting google-cloud-speech
...
```

Speech APIを使用するためのライブラリとサンプルプログラム（Python-docs-samples）がGitHub（https://github.com/GoogleCloudPlatform/python-docs-samples）で提供されています。これをコマンドダウンロードします。

● Google Cloud Platform GithubのPython-docs-samples
（https://github.com/GoogleCloudPlatform/python-docs-samples）

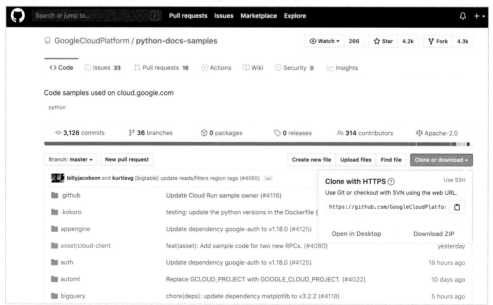

git cloneコマンドでサンプルプログラム群をダウンロードします。

```
(env) pi@raspberryai:~ $ git clone https://github.com/GoogleCloudPlatform/python-docs-
samples.git ⏎
Cloning into 'python-docs-samples'...
remote: Enumerating objects: 38, done.
remote: Counting objects: 100% (38/38), done.
remote: Compressing objects: 100% (34/34), done.
remote: Total 34034 (delta 10), reused 9 (delta 2), pack-reused 33996
Receiving objects: 100% (34034/34034), 53.92 MiB | 1.18 MiB/s, done.
...
```

ダウンロードしたファイルの中からSpeech/microphone/以下にあるライブラリとプログラムを使用します。cdコマンドで移動し、pip install -r requirements.txtを実行してライブラリのインストールを行います。

```
(env) pi@raspberrypi:~ $ cd python-docs-samples/speech/microphone/
(env) pi@raspberrypi:~/python-docs-samples/speech/microphone $ ls ⏎
README.rst                 requirements.txt              transcribe_streaming_mic.py
README.rst.in              resources                     transcribe_streaming_mic_test.py
requirements-test.txt      transcribe_streaming_infinite.py

(env) pi@raspberrypi:~/python-docs-samples/speech/microphone $ pip install -r requirements.txt ⏎
Looking in indexes: https://pypi.org/simple, https://www.piwheels.org/simple
Requirement already satisfied: google-cloud-speech==1.3.2 in /home/pi/env/lib/python3.7/site-
packages (from -r requirements.txt (line 1)) (1.3.2)
...
```

▶ Speech APIの使用

Speech APIのインストールが終わったので、Speech-to-Text（音声文字起こし）を使い始めてみましょう。

Raspberry Pi Zero Wに、音声聞き取りのために小型マイクを接続します。Zero WのUSB端子はMicro USBなので変換アダプターも使っています。

●USBマイクにMicroUSB変換アダプターを装着

● **Raspberry Pi Zeroとミニマイク**

Raspberry Pi Zero Wの2つ並んだMicro USBコネクタのうち、左側が電源、右側が外部USB機器の接続に用います。マイクは右側のUSBソケットに挿入します。

● **マイクをRaspberry Pi Zero Wにセット**

マイクを接続した後、再度Python環境をアクティベイトし、Google認証ファイルを適用します。

```
pi@raspberryai:~ $ source ~/env/bin/activate ⏎
(env) pi@raspberryai:~/Programs $ export GOOGLE_APPLICATION_CREDENTIALS="home/pi/r
aspberryai-service-account.json" ⏎
```

　サンプルプログラムを実行します。python-docs-samplesのspeechフォルダ内のmicrophoneフォルダに、リアルタイム文字起こしのtranscribe_streaming_mic.pyというプログラムがあります。これを実行してみましょう。

```
(env) pi@raspberrypi:~ $ cd ~/python-docs-samples/speech/microphone/
(env) pi@raspberrypi:~/python-docs-samples/speech/microphone $ ls ⏎
README.rst                requirements.txt               transcribe_streaming_mic.py
README.rst.in             resources                      transcribe_streaming_mic_test.py
requirements-test.txt   transcribe_streaming_infinite.py

(env) pi@raspberryai:~/Programs $ python transcribe_streaming_mic.py ⏎
Expression 'alsa_snd_pcm_hw_params_set_period_size_near( pcm, hwParams,
&alsaPeriodFrames, &dir )' failed in 'src/hostapi/alsa/pa_linux_alsa.c', line: 924
...
ALSA lib pcm.c:2495:(snd_pcm_open_noupdate) Unknown PCM cards.pcm.phoneline

Hello
Good morning
quit
```

　この文字起こしは英語のみに反応しますが、簡単な英語を話しかけるとテキストにしてくれます。最後に「quit」と話しかけるとプログラムが終了します。
　これでRaspberry PiへのSpeech-to-Text APIのインストールが完了しました。

Translation APIのインストール

文字起こし（STT）がセットアップできたら、翻訳を行うTranslation APIをインストールします。Googleの翻訳APIは100言語以上に対応しており、精度よく翻訳してくれます。これにより、STTで取得した文字を他の言語に変換できるようにします。

▶ Googleの翻訳機能

Translation APIは、APIをコールするだけで100以上の言語に手軽に翻訳できます。ここでは、発生した言葉を簡易に翻訳（英語で聞いた言葉を日本語に変換するなど）するために**Translation API Basic**を使っていきます。

● Googleの翻訳機能画面（https://cloud.google.com/translate）

翻訳

Google の機械学習を使用して、言語間の翻訳を動的に行います。

コンソールを開く ∨

コンテンツのニーズに合わせた翻訳を高速かつ動的に提供

トレーニングやカスタマイズが行われた Google の機械学習モデルを使用することで、言語間の動的な翻訳が実現します。

Bloomberg は Google Cloud Translation を使用して、金融関連のニュース、データ、分析を多くの言語で世界中に配信しています。

AutoML Translation

機械学習にあまり精通していない開発者、翻訳者、ローカリゼーションの専門家が、本番環境に対応した高品質のモデルを迅速に作成できるようになります。翻訳済みの言語ペアをアップロードするだけで AutoML Translation がカスタムモデルをトレーニングします。そのモデルをドメイン固有のニーズに合わせてスケーリングし、適用できます。

Translation API

Translation API Basic は、ウェブサイトやアプリを 100 以上の言語に瞬時に翻訳します。Translation API Advanced でも Basic と同様の高速で動的な結果を得られます。加えてカスタマイズ機能も提供します。カスタマイズ機能でドメインとコンテキスト固有の用語やフレーズに対応します。

Media Translation API

Media Translation API は、精度が高く、シンプルに統合されたリアルタイムの音声翻訳をコンテンツとアプリケーションに直接提供します。さらに、低レイテンシのストリーミング翻訳でユーザー エクスペリエンスを向上させ、単純な国際化で迅速にスケーリングします。

▶ Cloud Translation APIのインストール

Raspberry PiにTranslation APIをインストールします。Translation API Basicクイックスタートのページ（https://cloud.google.com/translate/docs/basic/setup-basic）にブラウザでアクセスします。

● **Translation API Basic クイックスタートのページ**
（https://cloud.google.com/translate/docs/basic/setup-basic）

Trasnlation APIは、前節で認証情報や環境設定をすでに行っていれば、APIの有効化とSDKのインストールのみで使用できます。認証情報を取得していない場合は、Section 4-2を参照して適用してください。

次のステップでTranslation APIを導入していきます。

1. APIの有効化
2. SDKのインストール
3. プログラムの作成

》 1. Translation APIの有効化

他のGoogle APIを使用するのと同様に、Translation APIを使うために、Cloud Console（https://console.cloud.google.com/）からAPIを有効化します。Cloud ConsoleへアクセスしTtranslate」と検索してAPIを表示します。画面左上の「APIを有効にする」をクリックすると「APIを無効にする」と変化し、APIが有効になります。

● コンソールからTranslation APIを有効化

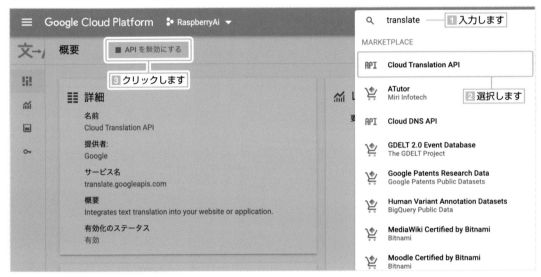

》 2. Translation SDKのインストール

Raspberry Piに**Translation SDK**をインストールします。Python環境をアクティベイトし、pip installコマンドでgoogle-cloud-translateをインストールします。

```
pi@raspberryai: ~ $ source env/bin/activate ⏎
(env) pi@raspberryai: ~ $ pip install google-cloud-translate==2.0.1 ⏎
Collecting google-cloud-translate==2.0.1
Downloading
https://files.pythonhosted.org/packages/0c/f9/484dba1aa2e222c00884c36d323885abb3283dc4bfc6
b75acc4fec1de77c/google_cloud_translate-2.0.1-py2.py3-none-any.whl (90kB)
100% |                                            | 92kB 325kB/s
...
```

》 3. プログラムの作成

次のような、Translation APIを使った簡単なプログラムtrans.pyを作成して、APIを試してみます。
cdコマンドでProgramsディレクトリに移動し、viコマンドでtrans.pyファイルを作成・編集します。

```
pi@raspberryai: ~ $ cd ~/Programs/ ⏎
pi@raspberryai: ~/Programs $ vi trans.py ⏎
```

● trans.pyプログラム

```
                                                          trans.py
# -*- coding: utf-8 -*-
from google.cloud import translate ①

trans_text = "It is a beautiful day!"
trans_lang = "ja-JP" ②

def translate_text(text, trans_lang): ③
if trans_lang == '':
return text
else:
target_lang = trans_lang.split("-")[0]
translate_client = translate.Client()
result = translate_client.translate(text, target_language=target_lang) ④
return result['translatedText']

trans_result = translate_text(trans_text, trans_lang)
print(trans_result)
```

①Google Translationのライブラリを呼び出します。

②ここでは元の言葉として英語の文章、翻訳先言語として日本語（ja-JP）を指定します。

③元の言葉（text）と翻訳先言語（trans_lang）をパラメータとする関数を作ります。

④翻訳したい言葉と言語をTraslation APIに適用させます。

「It is a beautiful day!」と英語を入力し、日本語に変換してくれるか試してみましょう。

前節で取得した秘密鍵ファイルを環境変数（GOOGLE_APPLICATION_CREDENTIALS）に適用し、trans.py
を実行します。

```
(env) pi@raspberryai:~/Programs $ export GOOGLE_APPLICATION_CREDENTIALS=raspberryai-
service-account.json ⏎
(env) pi@raspberryai:~/Programs $ python trans.py ⏎
いい日だね！
```

「It is a beautiful day!」を「いい日だね！」と翻訳してくれました。trans.pyの「It is a beautiful day!」の部
分を他の文章にして、いろいろ試してみてください。

▶ STTとTranslation APIを組み合わせる

Trasnslation APIが使えるようになったので、前節のSpeec-to-Textと組み合わせて、発した言葉をその場でリアルタイムに翻訳させるようにしましょう。

125ページでダウンロードしたSpeech APIのサンプルプログラムの1つtranscribe_streaming_mic.pyをコピーして、stream_trans.pyという別名でProgramsディレクトリに保存します。

```
$ cp ~/python-docs-samples/speech/microphone/transcribe_streaming_mic.py ~/Programs/stream_trans.py ⏎
```

stream_trans.pyをviで編集します。

```
$ vi stream_trans.py ⏎
```

プログラムの水色の部分を追記・修正します。

●stream_trans.pyプログラム

stream_trans.py

```
1     #!/usr/bin/env python
2
...
37    import pyaudio
38    from six.moves import queue
39
+     from google.cloud import translate  ①
+     origin_lang = ' ja-JP' ②
+     trans_lang  = 'en-US'
+     def translate_text(text, trans_lang):  ③
+     if trans_lang == '':
+     return text
+     else:
+     target_lang = trans_lang.split("-")[0]
+     translate_client = translate.Client()
+     result = translate_client.translate(text, target_language=target_lang)
+     return result['translatedText']
...   ...
165   def main():
166   # See http://g.co/cloud/speech/docs/languages
167   # for a list of supported languages.
168   language_code = origin_lang #'en-US'  # a BCP-47 language tag  ④
...   ...
```

次ページへ

```
184     responses = client.streaming_recognize(streaming_config, requests)
185
186     # Now, put the transcription responses to use.
187     listen_print_loop( 'Origin: ' + responses) ⑤
+       trans_res = translate_text(responses, trans_lang) ⑥
+       listen_print_loop( 'Trans: ' + trans_res)
...     ...
```

① Google Translationライブラリをインポートします。

② 元（Original）の言語として日本語（ja-JP）を指定します。翻訳先（Translate）の言語として英語（en-US）をセットします。

③ 前項で使ったtranslate_text関数を定義します。

④ 元のlanguage_codeがen-USであったところ、ここで定義したorigin_langを使うようにします。

⑤ STTで聞き取った結果（responses）を表示します。（ここでは日本語が表示されます。）

⑥ 翻訳関数translate_textに元言語responsesを適用させ、翻訳結果を表示します。

STTから翻訳までをつなげたstream_trans.pyを実行してみましょう。

実行してから少し待った後に、日本語で話しかけてみます。Origin:にしゃべった日本語が表示され、Trans:には翻訳された英語が表示されます。

```
(env) pi@raspberryai:~/Programs $ python stream_trans.py ⏎
Expression 'alsa_snd_pcm_hw_params_set_period_size_near( pcm, hwParams,
&alsaPeriodFrames, &dir )' failed in 'src/hostapi/alsa/pa_linux_alsa.c', line: 924
...
ALSA lib pcm.c:2495:(snd_pcm_open_noupdate) Unknown PCM cards.pcm.phoneline

Origin:こんにちは元気ですか
Trans: Hello how are you
Origin:今日はいい天気ですね
Trans: The weather is good today, is not it
Origin:さようならまた会いましょう
Trans: Goodbye, let' s meet again
```

これで同時翻訳ができました。少し未来の機械のようですね。

翻訳ウェアラブルデバイスの作成

音声聞き取り、翻訳ができるようになったので、それを組み合わせたデバイスにします。ディスプレイも付けて時計型にして、結果を手元で確認できるウェアラブル翻訳デバイスにしましょう。

▶ Seeed Grove OLEDを使って画面表示

Raspberry Pi Zero Wに、文字を表示するためのディスプレイを設置します。Raspberry Pi用のマイク拡張ボードである「**Seeed ReSpeaker Hat**」（https://www.seeedstudio.com/ReSpeaker-2-Mics-Pi-HAT.html）上のGrove端子に接続が可能な、128×64のOLEDディスプレイを使用します。

● Seeed Grove OLED 128x64（https://wiki.seeedstudio.com/Grove-OLED_Display_0.96inch/）

このディスプレイをReSpeaker Hatの向かって右、外側の端子にGroveのケーブルを使ってつなぎます。このOLEDディスプレイはI²C接続で、ReSpeaker Hat上のI²Cは右側のGrove端子で使えます。

●OLEDディスプレイを外側のGrove端子につなぐ

　ディスプレイを使うためのGroveライブラリを含んだソフトウェアを、Raspberry Pi Zero Wにインストール
します。curlコマンドでインストールスクリプトファイル（https://github.com/Seeed-Studio/grove.py/raw/
master/install.sh）を入手し、それをそのままbashで実行します。インストールスクリプトの実行には管理者権
限が必要です。

```
pi@raspberryai:~/ $ curl -sL https://github.com/Seeed-Studio/grove.py/raw/master/
install.sh | sudo bash -s - ◪
```

　もし上記コマンドでインストールできない場合は、git cloneコマンドでgithubからソフトウェアをダウンロー
ドして、ダウンロードしたファイルを実行してインストールしてください。

```
pi@raspberryai:~/ $ git clone https://github.com/Seeed-Studio/grove.py
pi@raspberryai:~/ $ cd grove.py
pi@raspberryai:~/grove.py/ $ sudo pip3 install . ◪
```

　インストールするとgrove.pyというディレクトリが作成され、中に多くのGroveを使ったライブラリが格納
されています。
　ディスプレイ表示のために、フォルダ中のgrove_oled_displsy_128x64.pyを使用します。

```
pi@rpzero:~/Arc/grove.py/grove $ ls ⏎
adc_8chan_12bit.py                          grove_piezo_vibration_sensor.py
adc.py                                      grove_pwm_buzzer.py
button                                      grove_recorder_v3_0.py
display                                     grove_relay.py
factory                                     grove_rotary_angle_sensor.py
gpio                                        grove_round_force_sensor.py
grove_12_key_cap_i2c_touch_mpr121.py        grove_ryb_led_button.py
grove_1wire_thermocouple_amplifier_max31850.py grove_servo.py
grove_3_axis_accelerometer_adx1372.py       grove_slide_potentiometer.py
grove_3_axis_compass_bmm150.py              grove_sound_sensor.py
grove_3_axis_digital_accelerometer.py       grove_step_counter_bma456.py
grove_4_digit_display.py                    grove_switch.py
grove_6_axis_accel_gyro_bmi088.py           grove_temperature_humidity_bme680.py
grove_air_quality_sensor_v1_3.py            grove_temperature_humidity_sensor.py
grove_button.py                             grove_temperature_humidity_sensor_sht3x.py
grove_cap_touch_slider_cy8c.py              grove_temperature_sensor.py
grove_collision_sensor.py                   grove_thumb_joystick.py
grove_gesture_sensor.py                     grove_tilt_switch.py
grove_high_accuracy_temperature.py          grove_time_of_flight_distance.py
grove_i2c_color_sensor_v2.py                grove_touch_sensor.py
grove_i2c_motor_driver.py                   grove_ultrasonic_ranger.py
grove_i2c_thermocouple_amplifier_mcp9600.py grove_uv_sensor.py
grove_imu_9dof_icm20600_ak09918.py          grove_voc_eco2_gas_sgp30.py
grove_led.py                                grove_water_sensor.py
grove_light_sensor_v1_2.py                  grove_ws2813_rgb_led_strip.py
grove_loudness_sensor.py                    helper
grove_mech_keycap.py                        i2c.py
grove_mini_pir_motion_sensor.py             __init__.py
grove_moisture_sensor.py                    led
grove_multi_switch.py                       motor
grove_oled_display_128x64.py                temperature
grove_optical_rotary_encoder.py
```

　サンプル・プログラムを実行するだけで、Raspberry Piからディスプレイで文字などを表示できます。サンプルプログラムをコマンドで実行すると、「hello world」とディスプレイに出力されます。

```
pi@raspberryai:~/ $ cd grove.py
pi@raspberryai:~/grove.py/ $  python grove_oled_display_128x64.py ⏎
```

●ディスプレイにhello worldを表示

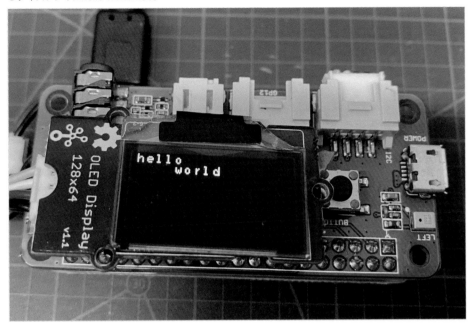

▶ 音声聞き取り、翻訳とOLEDを連動

Raspberry Pi Zero WにOLEDディスプレイが付いたところで、ここまで作った聞き取り、翻訳結果を表示できるようにします。132ページで作成したstream_trans.pyをcpコマンドでコピーして、OLED表示のためのstream_trans_oled.pyとして保存し、viで編集します。

```
(env) pi@raspberryai:~/Programs $ sudo cp stream_trans.py stream_trans_oled.py ⏎
(env) pi@raspberryai:~/Programs $ sudo vi stream_trans_oled.py ⏎
```

stream_trans.pyの内容から、水色で表示した変更部分をstream_trans_oled.pyに追加しています。

●stream_trans_oled.pyプログラム（水色部分が追加、修正部分）

stream_trans_oled.py

```
24    Example usage:
25        python transcribe_streaming_mic.py
26    """
27
+    import time
+    from grove.i2c import Bus  ①
+
```

次ページへ

```
+        _COMMAND_MODE = 0x80
+        _DATA_MODE = 0x40
+        _NORMAL_DISPLAY = 0xA6
+
+        _DISPLAY_OFF = 0xAE
+        _DISPLAY_ON = 0xAF
+        _INVERSE_DISPLAY = 0xA7
+        _SET_BRIGHTNESS = 0x81
+
+        ②
+        BasicFont = [[0x00, 0x00, 0x00, 0x00, 0x00, 0x00, 0x00, 0x00],
+                      [0x00, 0x00, 0x5F, 0x00, 0x00, 0x00, 0x00, 0x00],
+                      [0x00, 0x00, 0x07, 0x00, 0x07, 0x00, 0x00, 0x00],
+                      [0x00, 0x14, 0x7F, 0x14, 0x7F, 0x14, 0x00, 0x00],
+                      [0x00, 0x24, 0x2A, 0x7F, 0x2A, 0x12, 0x00, 0x00],
+                      [0x00, 0x23, 0x13, 0x08, 0x64, 0x62, 0x00, 0x00],
+                      [0x00, 0x36, 0x49, 0x55, 0x22, 0x50, 0x00, 0x00],
+                      [0x00, 0x00, 0x05, 0x03, 0x00, 0x00, 0x00, 0x00],
+                      [0x00, 0x1C, 0x22, 0x41, 0x00, 0x00, 0x00, 0x00],
+                      [0x00, 0x41, 0x22, 0x1C, 0x00, 0x00, 0x00, 0x00],
+                      [0x00, 0x08, 0x2A, 0x1C, 0x2A, 0x08, 0x00, 0x00],
+                      [0x00, 0x08, 0x08, 0x3E, 0x08, 0x08, 0x00, 0x00],
+                      [0x00, 0xA0, 0x60, 0x00, 0x00, 0x00, 0x00, 0x00],
+                      [0x00, 0x08, 0x08, 0x08, 0x08, 0x08, 0x00, 0x00],
+                      [0x00, 0x60, 0x60, 0x00, 0x00, 0x00, 0x00, 0x00],
+                      [0x00, 0x20, 0x10, 0x08, 0x04, 0x02, 0x00, 0x00],
+                      [0x00, 0x3E, 0x51, 0x49, 0x45, 0x3E, 0x00, 0x00],
+                      [0x00, 0x00, 0x42, 0x7F, 0x40, 0x00, 0x00, 0x00],
+                      [0x00, 0x62, 0x51, 0x49, 0x49, 0x46, 0x00, 0x00],
+                      [0x00, 0x22, 0x41, 0x49, 0x49, 0x36, 0x00, 0x00],
+                      [0x00, 0x18, 0x14, 0x12, 0x7F, 0x10, 0x00, 0x00],
+                      [0x00, 0x27, 0x45, 0x45, 0x45, 0x39, 0x00, 0x00],
+                      [0x00, 0x3C, 0x4A, 0x49, 0x49, 0x30, 0x00, 0x00],
+                      [0x00, 0x01, 0x71, 0x09, 0x05, 0x03, 0x00, 0x00],
+                      [0x00, 0x36, 0x49, 0x49, 0x49, 0x36, 0x00, 0x00],
+                      [0x00, 0x06, 0x49, 0x49, 0x29, 0x1E, 0x00, 0x00],
+                      [0x00, 0x00, 0x36, 0x36, 0x00, 0x00, 0x00, 0x00],
+                      [0x00, 0x00, 0xAC, 0x6C, 0x00, 0x00, 0x00, 0x00],
+                      [0x00, 0x08, 0x14, 0x22, 0x41, 0x00, 0x00, 0x00],
+                      [0x00, 0x14, 0x14, 0x14, 0x14, 0x14, 0x00, 0x00],
+                      [0x00, 0x41, 0x22, 0x14, 0x08, 0x00, 0x00, 0x00],
+                      [0x00, 0x02, 0x01, 0x51, 0x09, 0x06, 0x00, 0x00],
+                      [0x00, 0x32, 0x49, 0x79, 0x41, 0x3E, 0x00, 0x00],
+                      [0x00, 0x7E, 0x09, 0x09, 0x09, 0x7E, 0x00, 0x00],
+                      [0x00, 0x7F, 0x49, 0x49, 0x49, 0x36, 0x00, 0x00],
+                      [0x00, 0x3E, 0x41, 0x41, 0x41, 0x22, 0x00, 0x00],
+                      [0x00, 0x7F, 0x41, 0x41, 0x22, 0x1C, 0x00, 0x00],
+                      [0x00, 0x7F, 0x49, 0x49, 0x49, 0x41, 0x00, 0x00],
+                      [0x00, 0x7F, 0x09, 0x09, 0x09, 0x01, 0x00, 0x00],
+                      [0x00, 0x3E, 0x41, 0x41, 0x51, 0x72, 0x00, 0x00],
```

次ページへ

```
+           [0x00, 0x7F, 0x08, 0x08, 0x08, 0x7F, 0x00, 0x00],
+           [0x00, 0x41, 0x7F, 0x41, 0x00, 0x00, 0x00, 0x00],
+           [0x00, 0x20, 0x40, 0x41, 0x3F, 0x01, 0x00, 0x00],
+           [0x00, 0x7F, 0x08, 0x14, 0x22, 0x41, 0x00, 0x00],
+           [0x00, 0x7F, 0x40, 0x40, 0x40, 0x40, 0x00, 0x00],
+           [0x00, 0x7F, 0x02, 0x0C, 0x02, 0x7F, 0x00, 0x00],
+           [0x00, 0x7F, 0x04, 0x08, 0x10, 0x7F, 0x00, 0x00],
+           [0x00, 0x3E, 0x41, 0x41, 0x41, 0x3E, 0x00, 0x00],
+           [0x00, 0x7F, 0x09, 0x09, 0x09, 0x06, 0x00, 0x00],
+           [0x00, 0x3E, 0x41, 0x51, 0x21, 0x5E, 0x00, 0x00],
+           [0x00, 0x7F, 0x09, 0x19, 0x29, 0x46, 0x00, 0x00],
+           [0x00, 0x26, 0x49, 0x49, 0x49, 0x32, 0x00, 0x00],
+           [0x00, 0x01, 0x01, 0x7F, 0x01, 0x01, 0x00, 0x00],
+           [0x00, 0x3F, 0x40, 0x40, 0x40, 0x3F, 0x00, 0x00],
+           [0x00, 0x1F, 0x20, 0x40, 0x20, 0x1F, 0x00, 0x00],
+           [0x00, 0x3F, 0x40, 0x38, 0x40, 0x3F, 0x00, 0x00],
+           [0x00, 0x63, 0x14, 0x08, 0x14, 0x63, 0x00, 0x00],
+           [0x00, 0x03, 0x04, 0x78, 0x04, 0x03, 0x00, 0x00],
+           [0x00, 0x61, 0x51, 0x49, 0x45, 0x43, 0x00, 0x00],
+           [0x00, 0x7F, 0x41, 0x41, 0x00, 0x00, 0x00, 0x00],
+           [0x00, 0x02, 0x04, 0x08, 0x10, 0x20, 0x00, 0x00],
+           [0x00, 0x41, 0x41, 0x7F, 0x00, 0x00, 0x00, 0x00],
+           [0x00, 0x04, 0x02, 0x01, 0x02, 0x04, 0x00, 0x00],
+           [0x00, 0x80, 0x80, 0x80, 0x80, 0x80, 0x00, 0x00],
+           [0x00, 0x01, 0x02, 0x04, 0x00, 0x00, 0x00, 0x00],
+           [0x00, 0x20, 0x54, 0x54, 0x54, 0x78, 0x00, 0x00],
+           [0x00, 0x7F, 0x48, 0x44, 0x44, 0x38, 0x00, 0x00],
+           [0x00, 0x38, 0x44, 0x44, 0x28, 0x00, 0x00, 0x00],
+           [0x00, 0x38, 0x44, 0x44, 0x48, 0x7F, 0x00, 0x00],
+           [0x00, 0x38, 0x54, 0x54, 0x54, 0x18, 0x00, 0x00],
+           [0x00, 0x08, 0x7E, 0x09, 0x02, 0x00, 0x00, 0x00],
+           [0x00, 0x18, 0xA4, 0xA4, 0xA4, 0x7C, 0x00, 0x00],
+           [0x00, 0x7F, 0x08, 0x04, 0x04, 0x78, 0x00, 0x00],
+           [0x00, 0x00, 0x7D, 0x00, 0x00, 0x00, 0x00, 0x00],
+           [0x00, 0x80, 0x84, 0x7D, 0x00, 0x00, 0x00, 0x00],
+           [0x00, 0x7F, 0x10, 0x28, 0x44, 0x00, 0x00, 0x00],
+           [0x00, 0x41, 0x7F, 0x40, 0x00, 0x00, 0x00, 0x00],
+           [0x00, 0x7C, 0x04, 0x18, 0x04, 0x78, 0x00, 0x00],
+           [0x00, 0x7C, 0x08, 0x04, 0x7C, 0x00, 0x00, 0x00],
+           [0x00, 0x38, 0x44, 0x44, 0x38, 0x00, 0x00, 0x00],
+           [0x00, 0xFC, 0x24, 0x24, 0x18, 0x00, 0x00, 0x00],
+           [0x00, 0x18, 0x24, 0x24, 0xFC, 0x00, 0x00, 0x00],
+           [0x00, 0x00, 0x7C, 0x08, 0x04, 0x00, 0x00, 0x00],
+           [0x00, 0x48, 0x54, 0x54, 0x24, 0x00, 0x00, 0x00],
+           [0x00, 0x04, 0x7F, 0x44, 0x00, 0x00, 0x00, 0x00],
+           [0x00, 0x3C, 0x40, 0x40, 0x7C, 0x00, 0x00, 0x00],
+           [0x00, 0x1C, 0x20, 0x40, 0x20, 0x1C, 0x00, 0x00],
+           [0x00, 0x3C, 0x40, 0x30, 0x40, 0x3C, 0x00, 0x00],
+           [0x00, 0x44, 0x28, 0x10, 0x28, 0x44, 0x00, 0x00],
+           [0x00, 0x1C, 0xA0, 0xA0, 0x7C, 0x00, 0x00, 0x00],
```

次ページへ

```
+                       [0x00, 0x44, 0x64, 0x54, 0x4C, 0x44, 0x00, 0x00],
+                       [0x00, 0x08, 0x36, 0x41, 0x00, 0x00, 0x00, 0x00],
+                       [0x00, 0x00, 0x7F, 0x00, 0x00, 0x00, 0x00, 0x00],
+                       [0x00, 0x41, 0x36, 0x08, 0x00, 0x00, 0x00, 0x00],
+                       [0x00, 0x02, 0x01, 0x01, 0x02, 0x01, 0x00, 0x00],
+                       [0x00, 0x02, 0x05, 0x05, 0x02, 0x00, 0x00, 0x00]]
+
+       ③
+       class GroveOledDisplay128x64(object):
+           HORIZONTAL = 0x00
+           VERTICAL = 0x01
+           PAGE = 0x02
+
+           def __init__(self, bus=None, address=0x3C):
+               self.bus = Bus(bus)
+               self.address = address
+
+               self.off()
+               self.inverse = False
+               self.mode = self.HORIZONTAL
+
+               self.clear()
+               self.on()
+
+           def on(self):
+               self.send_command(_DISPLAY_ON)
+
+           def off(self):
+               self.send_command(_DISPLAY_OFF)
+
+           def send_command(self, command):
+               self.bus.write_byte_data(self.address, _COMMAND_MODE, command)
+
+           def send_data(self, data):
+               self.bus.write_byte_data(self.address, _DATA_MODE, data)
+
+           def send_commands(self, commands):
+               for c in commands:
+                   self.send_command(c)
+
+           def clear(self):
+               self.off()
+               for i in range(8):
+                   self.set_cursor(i, 0)
+                   self.puts(' ' * 16)
+
+               self.on()
+               self.set_cursor(0, 0)
+
+           @property
```

次ページへ

```
+        def inverse(self):
+            return self._inverse
+
+        @inverse.setter
+        def inverse(self, enable):
+            self.send_command(_INVERSE_DISPLAY if enable else _NORMAL_DISPLAY)
+            self._inverse = enable
+
+        @property
+        def mode(self):
+            return self._mode
+
+        @mode.setter
+        def mode(self, mode):
+            self.send_command(0x20)
+            self.send_command(mode)
+            self._mode = mode
+
+        def set_cursor(self, row, column):
+            self.send_command(0xB0 + row)
+            self.send_command(0x00 + (8*column & 0x0F))
+            self.send_command(0x10 + ((8*column>>4)&0x0F))
+
+        def putc(self, c):
+            C_add = ord(c)
+            if C_add < 32 or C_add > 127:      # Ignore non-printable ASCII characters
+                c = ' '
+                C_add = ord(c)
+
+            for i in range(0, 8):
+                self.send_data(BasicFont[C_add-32][i])
+
+        def puts(self, text):
+            for c in text:
+                self.putc(c)
+
+        def show_image(self, image):
+            from PIL import Image
+            import numpy as np
+
+            im = Image.open(image)
+
+            bw = im.convert('1')
+            pixels = np.array(bw.getdata())
+            page_size = 128 * 8
+
+            self.set_cursor(0, 0)
+            for page in range(8):
+                start = page_size * page
+                end = start + page_size
```

次ページへ

```
+
+                    for i in range(start, start + 128):
+                        data = np.packbits(pixels[i:end:128][::-1])[0]
+                        self.send_data(data)
...      ...
198              # Now, put the transcription responses to use.
+                display = GroveOledDisplay128x64() ④
+                display.set_cursor(0, 0)
199              listen_print_loop( 'Origin: ' + responses)
200              trans_res = translate_text(responses, trans_lang)
201              listen_print_loop( 'Trans: ' + trans_res)
+                display.puts( 'Trans: ' + trans_res) ⑤
...      ...
```

①I²CのGroveライブラリをインポートします。

②ディスプレイで使うフォントを指定しています。

③Groveのサンプルプログラムで使っているクラスファンクションをそのまま使っています。

④Displayファンクションを呼び出します。

⑤翻訳結果をディスプレイに表示させます。

変更を保存したら、stream_trans_oled.pyを実行してみましょう。

```
(env) pi@raspberryai:~/Programs $ python stream_trans_oled.py ⏎
Expression 'alsa_snd_pcm_hw_params_set_period_size_near( pcm, hwParams, &alsaPeriod
Frames, &dir )' failed in 'src/hostapi/alsa/pa_linux_alsa.c', line: 924
...
ALSA lib pcm.c:2495:(snd_pcm_open_noupdate) Unknown PCM cards.pcm.phoneline

Origin:こんにちは元気ですか
Trans: Hello how are you
```

「こんにちは元気ですか」と話しかけると、その英語訳をディスプレイ上に表示できるようになりました。

●日本語→英語の結果をディスプレイに表示

▶ ウェアラブル翻訳機として使ってみよう！

準備が整ったので、バッテリーや外装などを付けてウェアラブルな時計型にしてみます。

》 必要な部品

ウェラブルにするため、バッテリーとケース、時計バンドなどの部品を用意しました。

●リチウムポリマー（LiPo）バッテリー

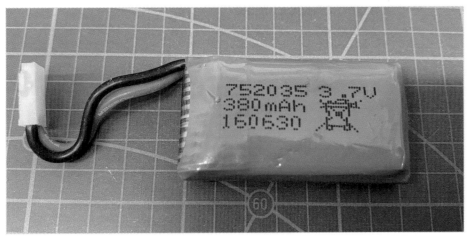

● Raspberry Pi Zero Wを覆うケース（穴は筆者が加工）

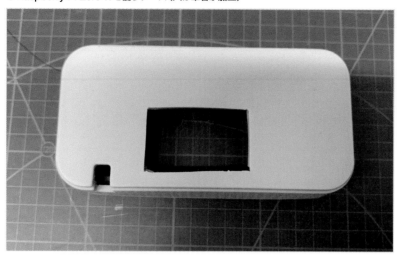

● 時計のバンド

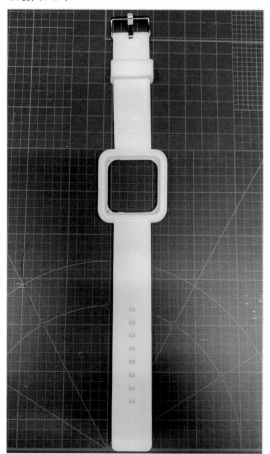

▶ ウェアラブル機器として組み立て

　Raspberry Pi Zero Wにバッテリーを取り付けます。Raspberry Piの電源接続端子の裏側の2つの端子から電源を供給します。ここに写真のようにケーブルをハンダ付けします。

● 電源接続のケーブルをハンダ付け

　接続ケーブルにリチウムポリマーバッテリーを接続します。
　ディスプレイはReSpeaker表面の見やすい位置に固定します。

● バッテリー、OLEDディスプレイを設置

Raspberry Pi Zeroに合うケース、時計のバンドを用意します。

● ディスプレイ付きRaspberry Pi Zero、ケース、時計バンド

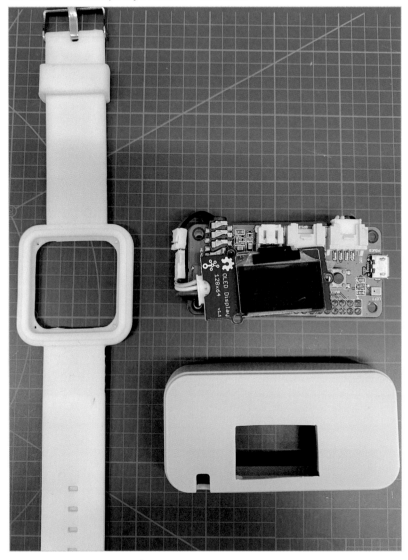

最後にディスプレイが見えるよう穴を空けたケースを上から装着します。
ラバー素材のバンドも裏に付けて、腕時計型にしたら完成です。

● Raspberry Pi Zero Wと同サイズのケースを装着

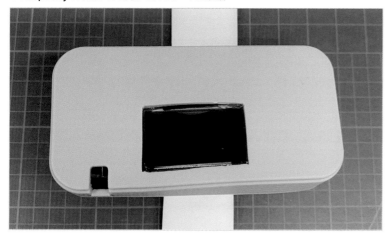

● 時計バンドも付けてウェアラブルに

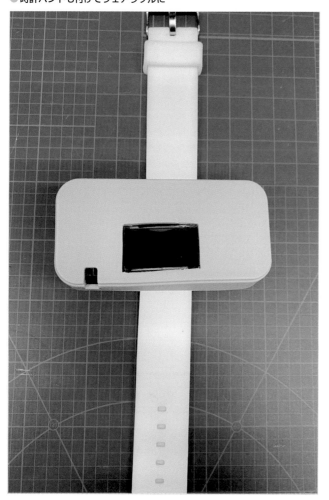

▶ プログラムの自動起動

電源を入れたら翻訳機能が自動的に立ち上がるように、自動起動のための設定ファイルを作成します。

アクティベーションや認証ファイルを適用して、まとめて流すシェルプログラムを作ります。

viコマンドでstream_trans_oled.shを作成・編集します。stream_trans_oled.shはホームディレクトリのProgramsディレクトリに格納します。

```
$ vi /home/pi/Programs/stream_trans_oled.sh
```

stream_trans_oled.sh

```
#!/bin/bash --rcfile
source /home/pi/env/bin/activate
export GOOGLE_APPLICATION_CREDENTIALS=/home/pi/xxx.json
cd /home/pi/Programs/
echo "Stream Trans is running!"
python stream_trans_oled.py
echo "Stream Translation is completed!"
```

次に、stream_trans_oled.shを実行する起動ファイルstream_trans_oled.serviceを作ります。

```
$ sudo vi stream_trans_oled.service
```

stream_trans_oled.service

```
Description=Stream Trans OLED Program

[Service]
ExecStart=sudo /bin/bash /home/pi/Programs/stream_trans_oled.sh
Restart=always
User=pi

[Install]
WantedBy=multi-user.target
```

起動ファイル（stream_trans_oled.service）をシステムに登録し、設定を行います。

cpコマンドで/etc/systemd/system/ディレクトリにコピーして、systemctl enableコマンドでシステムに登録します。systemctl startコマンドで自動起動登録し、systemctl statusコマンドで正しく登録・設定されているかを確認しましょう。

● 自動起動の設定、実行

```
pi@raspberryai:~ $ sudo cp stream_trans_oled.service /etc/systemd/system/
pi@raspberryai:~ $ sudo systemctl enable stream_trans_oled.service
pi@raspberryai:~ $ sudo systemctl start stream_trans_oled.service
pi@raspberryai:~ $ sudo systemctl status stream_trans_oled.service

● alexasample.service
```

```
   Loaded: loaded (/etc/systemd/system/stream_trans_oled.service; enabled; vendor
preset: enabled)
   Active: active (running) since Sun 2020-07-25 10:21:53 JST; 5s ago
 Main PID: 2275 (sudo)
    Tasks: 24 (limit: 4915)
   Memory: 24.7M
   CGroup: /system.slice/alexasample.service
           ├─2275 /usr/bin/sudo /bin/bash /home/pi/Programs/stream_trans_oled.sh
           ├─2283 /bin/bash /home/pi/Programs/stream_trans_oled.sh
```

電源を入れて使ってみます。

これまでのように、「今日の天気は何ですか？」などと日本語で話しかけてみてください。その結果を、ディスプレイ画面上で「Trans:」以下に表示してくれるはずです。

● 翻訳結果を画面に表示

上の写真では、翻訳結果として「The weather is good today, is not it」と返しました。他にもいろいろ話しかけて、便利に使ってみてください。

● 腕時計に話しかければ、英語訳を表示してくれます

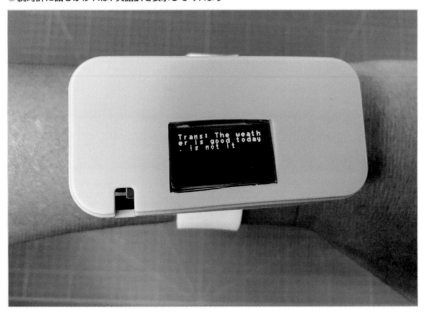

● ウェアラブル翻訳機の完成

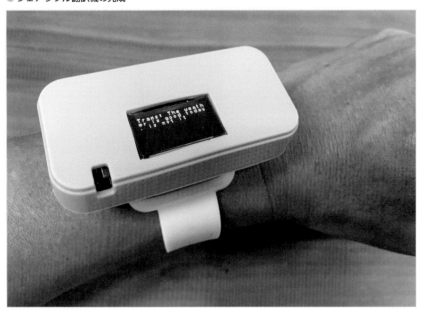

Chapter 5

顔検知・感情判定デバイス（顔判別ディスプレイ）を作る

AIによる画像解析を使って、顔の表情・笑顔判別や感情類推などができます。ここでは、カメラから顔写真を撮ってその情報を読み取り、男女判定や感情の類推を行うデバイスを作ります。

Section 5-1 顔検知・感情判定を行う デバイス作り

Raspberry Piで使えるAIの中に、顔検知（顔認識、顔判別）・感情判定（感情類推）ができる機能があります。Microsoft AzureのFace APIを使うと、顔に特化した表情解析ができます。Raspberry Piにディスプレイを付けて顔認識し、その人にぴったり合った動画を表示するサイネージを作ってみましょう。

▶ 出来上がるもの、必要部品

Chapter 5で作成するのは「**顔判別ディスプレイ**」です。ディスプレイの前を人が通るとそれを検知し、カメラで撮影を行います。その写真からAIを使って顔検知を行い、写っている人の性別や年齢を判定します。そして、判別した内容に合った画像や動画を表示するデジタルサイネージです。

●Faceディスプレイ

利用部品名（製品名）

- **Raspberry Pi 4 Model B** (Raspberry Pi 4 Model B 4GB) ·· 1
- **Raspberry Pi カメラ** (Raspberry Pi カメラモジュール V2) ······································ 1
- **人感センサ** (焦電型赤外線 (人感) センサーモジュール) ··································· 1
- **Raspberry Pi用小型ディスプレイ** (7インチ IPS 1024*600 Raspberry Pi用ディスプレイ) ··· 1
- **小型バッテリー** (超薄型 モバイルバッテリー) ·· 1
- **ジャンパーケーブル** (ブレッドボード・ジャンパー延長ワイヤケーブル (メス―メス)) ···3
- **Micro HDMIケーブル** ··· 1
- **USB Cケーブル** ··· 1
- **デバイスの外装など**

メインの部品は、Raspberry Piにピッタリはまる液晶ディスプレイです。それ以外に、Raspberry Pi Cameraや人感センサーなどを使用します。人物判定のAIにはMicrosoft AzureのFace APIを使います。

このデバイスの作成で、Raspberry Piを使って短時間で次のようなことを学びながら、もの作りができるようになっています。

- ・**Raspberry Pi**のセンサーのつなぎ方、仕組み、使い方がわかる
- ・液晶ディスプレイでのデータ出力方法を知る
- ・AI（Microsoft AzureのFace API）を使った顔判別、属性情報の取得の仕方が分かる
- ・RaspberryPiでの画面上のアプリケーションの作り方を学ぶ

》 Microsoft AzureのAI機能

Microsoftのクラウドサービス「**Azure**」では、さまざまなAI機能やAPIを提供しています。本書で解説してきたGoogleのAIのような本格的な機械学習エンジンも提供されています。

●Azure AIのトップページ (https://azure.microsoft.com/ja-jp/overview/ai-platform/)

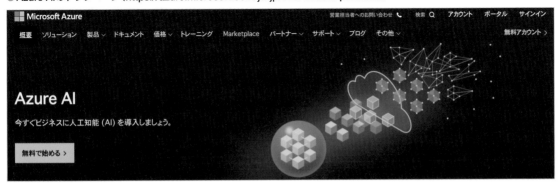

AzureのAIサービスの中に、APIとしてRaspberry Piから利用できる「**Azure Cognitive Service**」があります。Cognitive Serviceは主に次のような機能を提供しています。

● **決定**

　Content Moderator：不快または望ましくない可能性のあるコンテンツを検出します

● **言語**

　Text Analysis：言葉をキーフレーズや言語エンティティに分解します

　Translator：60を超える言語を翻訳します

● **音声**

　STT：音声を、読み取れる検索可能なテキストに書き起こします

　TTS：テキストを本物のような音声に変換し、より自然なインターフェイスを実現します

● **視覚**

　Computer Vision：画像内のコンテンツを分析します

　Face：人間の顔を検出します。顔情報から感情も推論します

● **Web検索**

　Bing Search：検索エンジン「Bing」を使って、検索結果を返します

● Azure Cognitive Servicesのページ（https://azure.microsoft.com/ja-jp/services/cognitive-services/#api）

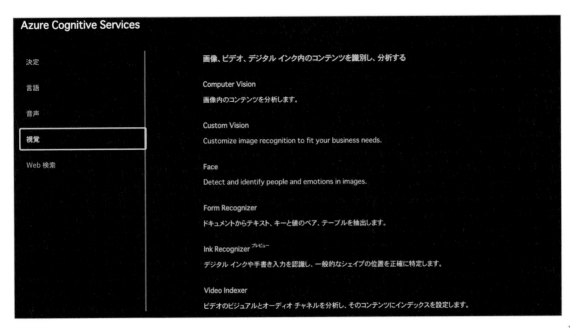

》 顔判別・感情認識API

Azure Cognitive Servicesの中でも、視覚系のAIサービス「**Face API**」を使います。Face APIを用いることで顔検出・感情測定を行うことができます。

Face Detection

Face Detectionを用いると、顔検出を行って顔の位置を座標で取得することができます。

● Face APIの顔検出機能の説明

感情認識

感情認識機能では、撮った写真中の顔を認識し、表情から感情を類推します。

Anger（怒り）、Fear（恐れ）やHappiness（幸せ）、Surprise（驚き）など8種類の感情を数値で表示します。

● Face APIの感情認識機能の説明

感情認識

怒り、軽蔑、嫌悪感、恐怖、喜び、中立、悲しみ、驚きなど、認識された表情を検出します。人の内面の状態を表すのは表情だけではないことに注意する必要があります。

検出結果:
4 個の顔が検出されました

JSON:

```
[
  {
    "faceRectangle": {
      "top": 114,
      "left": 212,
      "width": 65,
      "height": 65
    },
    "faceAttributes": {
      "emotion": {
        "anger": 0.0,
        "contempt": 0.0,
        "disgust": 0.0,
        "fear": 0.0,
        "happiness": 1.0,
        "neutral": 0.0,
        "sadness": 0.0,
        "surprise": 0.0
      }
    }
  },
```

》Microsoft Azureの設定

　画像解析のAzure Face APIを使用するためには、Microsoft Azureのアカウントが必要です（一定使用量以下は無料）。アカウントがない場合は、Microsoft Azureのホームページ（https://portal.azure.com/）からアカウントを取得してください。

● Microsoft Azureのホームページ（https://portal.azure.com/）

　Microsoft Azureのページの「無料で始める」ボタンをクリックします。

● Microsoft Azureのページ（https://azure.microsoft.com/ja-jp/free/cognitive-services/）

　アカウント取得後、Microsoftアカウントの登録や無料使用期間の許諾などが表示されるので、画面の指示に従ってください。その後、次のようにAzure Face APIが利用できるようになります。

● Face APIのページ（https://azure.microsoft.com/ja-jp/free/cognitive-services/）

<table>
<tr><td>

Section
5-2</td><td>

Microsoft Azure Face APIの
セットアップ</td></tr>
</table>

Raspberry Piにカメラを接続して顔写真を撮ります。その写真から顔判別を行うためのMicrosoft Azure Face APIのセットアップを行います。

▶ Raspberry Pi Cameraのセットアップ

まずRaspberry Piにカメラをセットして、写真を撮るようにします。カメラは、Raspberry Pi公式の**Raspberry Pi Camera**（https://www.raspberrypi.org/products/camera-module-v2/）を使っています。Raspberry Piとカメラの接続は、カメラインターフェースにケーブルを接続するだけです。カメラは、ケーブルが出ている方が上方向になります。

● Raspberry Pi Cameraを接続する

カメラモジュールは、Raspberry Piのカメラ端子の白いフックを引き上げ、ケーブルを差し込んで接続します。奥まで深く差したらフックを固定します。

● **Raspberry Piのカメラコネクタにカメラモジュールを接続**

● **配線図**

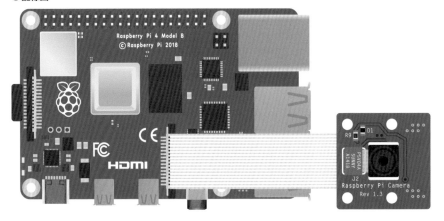

カメラを利用する場合、Raspberry Piのカメラ機能を有効にしておく必要があります。もしカメラが使えない場合は36ページのインターフェイスの設定を見直してください。

> **📖 NOTE**
>
> **raspi-config**
>
> raspi-config コマンドを実行して起動する CUI 設定ツールでも設定可能です。raspi-config コマンドを実行し、「Interface Option」から「camera enable」にします

コマンドで自分の顔写真を撮ってみましょう。Raspberry Piで写真を撮るコマンドは「**raspistill**」です。カメラのレンズに顔を向け、raspistill コマンドに -o オプションをつけ、任意のファイル名（例では「face.jpg」）を付けて実行すると、写真撮影をしてファイルに保存します。

```
$ raspistill -o face.jpg ⏎
```

●顔画像のface.jpgが撮影できた

顔検知・感情判定デバイス（顔判別ディスプレイ）を作る

▶ Face APIのセットアップ

先ほど撮影した顔写真(face.jpg)を元に、性別とおおよその年齢推定を行ってみたいと思います。画像解析・顔識別(顔判別)を行う**Face API**をセットアップします。

● Face APIの説明(https://azure.microsoft.com/ja-jp/services/cognitive-services/face/)

顔識別

Face API を使用すると、最大 100 万人のプライベート リポジトリ内の顔を検索、識別、照合することができます。

Face APIを使うための設定をAzureのサイト上で行います。Microsoft Azureでサインアップした後に、Cognitive Serviceのページ(https://azure.microsoft.com/ja-jp/services/cognitive-services/face/)にアクセスします。

● Cognitive Serviceのページ(https://azure.microsoft.com/ja-jp/services/cognitive-services/face/)

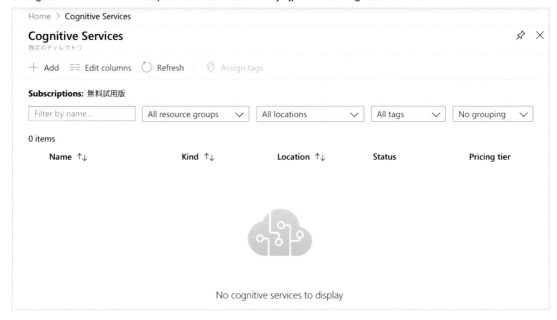

Cognitive Serviceから「Face」を選択し、「Create」ボタンをクリックしてアクセスキーを取得します。

● Face APIの有効化

Face APIのキーが発行されたら、それを保存しておきます。APIをコールする先（Endpoint）は「[自分のアプリ名].cognitiveservices.azure.com」のように、「[自分のアプリ名]」部分がユニークな文字列になっています。これを使って画像認識をさせます。

● Face APIのキーとエンドポイント（Endpoint）を取得

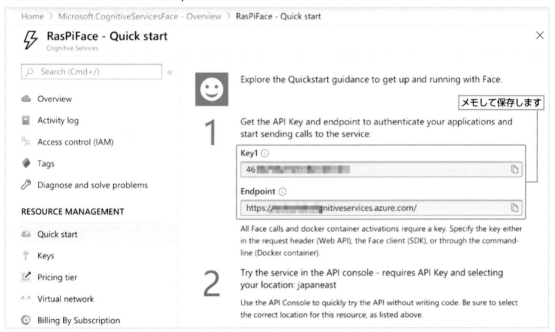

▶ Face APIを使ったプログラム

　Face APIのセットアップができたら、そのAPIを使って顔判別を行い、性別・年齢を表示するプログラム face.pyを作成してみます。ホームディレクトリのProgamsディレクトリに格納します。

```
$ vi /home/pi/Programs/face.py ⏎
```

●face.py プログラム

face.py

```python
# -*- encoding:utf-8 -*-
import requests
import urllib
import json
from io import BytesIO
import math

img = 'face.jpg' ①
url = 'https://zzz.cognitiveservices.azure.com/face/v1.0/detect' ②
key = 'xxx' ③
ret = 'age,gender,smile,emotion' ④

def useFaceapi(url, key, ret, image): ⑤
    headers = {
        'Content-Type': 'application/octet-stream',
        'Ocp-Apim-Subscription-Key': key,
        'cache-control': 'no-cache',
    }
    params = {
        'returnFaceId': 'true',
        'returnFaceLandmarks': 'false',
        'returnFaceAttributes': ret,
    }
    data = open(image, 'rb').read()
    try:
        jsnResponse = requests.post(url ,headers=headers, params=params,⏎
data=data)
        if(jsnResponse.status_code != 200):
            jsnResponse = []
        else:
            jsnResponse = jsnResponse.json()
    except requests.exceptions.RequestException as e:
        jsnResponse = []

    return jsnResponse

faces = useFaceapi(url, key, ret, img)
print(faces)
```

①先ほど撮った写真のファイル名を指定しています。

②URL上のzzz部分は、自分で定義したアプリ名が入ります。

③Face APIで取得したキーを入力します。

④ここでは判別する内容としてage（年齢）、gender（性別）、smile（笑顔判定）、emotion（感情推定）を指定しています。

⑤url（Face APIのURL）、key（Face APIのキー）、ret（判別内容）、img（判別に使うイメージファイル名）をパラメータとして、その解析結果を返す関数を作ります。

先ほど撮った写真（face.jpg）をface.pyと同じディレクトリに格納し、face.pyをコマンドで実行します。

写真に顔が写っていると、Face APIがその写真中の顔の座標やsmile、gender、ageなどを表示します。

```
pi@raspi4:~/Programs $ python3 face.py
[{'faceId': '1deacfa1-ec2f-49c0-8462-ed21d972b538', 'faceRectangle': {'top': 625, '
left': 1033, 'width': 760, 'height': 760}, 'faceAttributes': {'smile': 1.0, 'gender
': 'male', 'age': 23.0, 'emotion': {'anger': 0.0, 'contempt': 0.0, 'disgust': 0.0,
'fear': 0.0, 'happiness': 1.0, 'neutral': 0.0, 'sadness': 0.0, 'surprise': 0.0}}}]
1033 625 1793 1385 23 male
```

上の例では、読み込んだ画像はFace APIにより「23歳くらいの男性」と判別され、赤枠のような結果が表示されました。

Section 5-3 ▶ 人感センサーのセットアップ

顔認識のFace APIのセットアップができたところで、このデバイスの前を人が通ると、人感センサーによりそれを検知できるようにします。人が通ったのを検知するのに続いて、カメラで画像を撮影できるようにします。

▶ 人感センサーによる人間検知

人感センサーは、熱赤外線を受光して検知・測定できるセンサーです。体温（温度）を持つ人間も熱赤外線を発しているため、人がセンサー近くを通ったときの赤外線量の変化から、人がいるかどうかを電気的に検知できるようになっています。

ここでは、集電型赤外線を使った小型の人感センサーモジュール「**SB412A**」を使用します。このセンサーの端子は5V電源、GND、GPIO信号出力の3つになっています。

● 集電型赤外線センサーモジュール「SB412A」

次の表のようにRaspberry Piへ接続します。

センサー側（表面左から）	Raspberry Pi側
VCC	5V（赤）
OUT	GPIO4（青）
GND	GND（黒）

● 人感センサーにケーブルをつなぐ

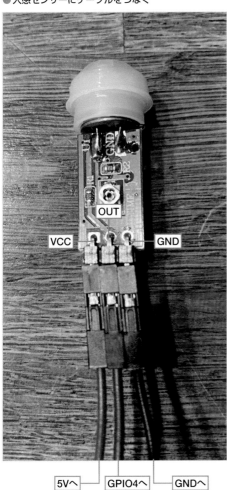

● Raspberry Piと人感センサー

● Raspberry Piと人感センサーの配線図

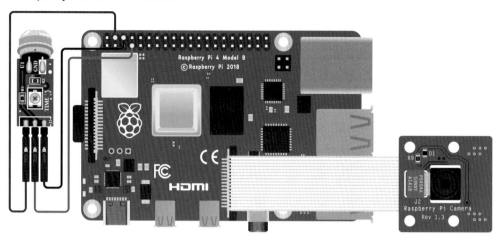

　人感センサーをつないだら、Raspberry Piで次のようなhuman.pyプログラムを作成します。このプログラムでは、GPIOを使うためのライブラリ（RPi.GPIO）を使用します。Raspberry PiとはGPIO4で接続し、これを1秒おきに読み取って表示するようなプログラムです。

```
$ vi /home/pi/Programs/human.py ⏎
```

● human.py プログラム

human.py
```
# -*- encoding:utf-8 -*-

import RPi.GPIO as GPIO ①
from time import sleep

human_pin = 4 ②
GPIO.setmode(GPIO.BCM)
GPIO.setup(human_pin, GPIO.IN)

try:
    while True:
        print(GPIO.input(human_pin))  ③
        sleep(1)
except KeyboardInterrupt:
    pass

GPIO.cleanup()
```

①人感センサーのためのGPIOライブラリをインポートします。

②センサーにはGPIO4を指定します。

③GPIOの状態（人を感知したら1、しなかったら0）を表示します。

作成して保存したら、次のようにhuman.pyをpython3コマンドで実行します。

センサー近くに手をかざしたり、人が通ったりすると1を返し、そうでないときは0を表示します。このセンサーは簡易的なものなので、検知の精度調整はできませんが、手などを近づけてみてどれくらいの近さで反応するか試してください。このとき使用したセンサーでは、周囲3mほどに人がいると反応しました。

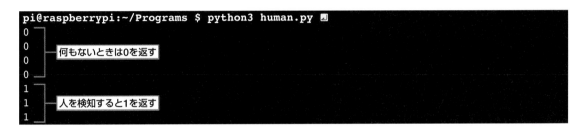

```
pi@raspberrypi:~/Programs $ python3 human.py
0
0
0          何もないときは0を返す
0
1
1
1          人を検知すると1を返す
```

● 手などを出し入れして、検知しているかどうかを確かめる

▶ 人感センサーとカメラ撮影の連動

　人感センサーで人を検知したら、カメラで写真を撮れるようにします。Face APIによる顔検知も連動させます。

　次のhuman_face.pyプログラムは、人を検知して写真を撮り、Face APIのgenderとageの判定を行います。

●human_facey.py プログラム

```python
# -*- encoding:utf-8 -*-

import RPi.GPIO as GPIO
from time import sleep
from datetime import datetime

import urllib
import json
from io import BytesIO
from PIL import Image, ImageDraw
import math
import os

import sys
import subprocess
import requests
import yaml

url = 'https://raspiface.cognitiveservices.azure.com/face/v1.0/detect'
key = 'xxx'  ①
ret = 'age,gender,smile,emotion'  ②

human_pin = 4
GPIO.setmode(GPIO.BCM)
GPIO.setup(human_pin, GPIO.IN)

def face_api(url, key, ret, image):  ③
    headers = {
        'Content-Type': 'application/octet-stream',
        'Ocp-Apim-Subscription-Key': key,
        'cache-control': 'no-cache',
    }
    params = {
        'returnFaceId': 'true',
        'returnFaceLandmarks': 'false',
        'returnFaceAttributes': ret,
    }
    data = open(image, 'rb').read()
    try:
        jsnResponse = requests.post(url ,headers=headers, params=params,↩
data=data)
        if(jsnResponse.status_code != 200):
            jsnResponse = []
        else:
            jsnResponse = jsnResponse.json()
    except requests.exceptions.RequestException as e:
        jsnResponse = []
    return jsnResponse
```

次ページへ

Chapter
5

顔検知・感情判定デバイス（顔判別ディスプレイ）を作る

```python
def camera():  ④
    now = datetime.now()
    dir_name = now.strftime('%Y%m%d')
    dir_path = '/home/pi/Programs/image/' + dir_name + '/'
    file_name= now.strftime('%H%M%S') + '.jpg'
    fname    = dir_path + file_name
    try:
        os.mkdir(dir_path)
    except OSError:
        print('Date dir already exists')
    os.system('sudo raspistill -h 640 -w 480 -o ' + fname)
    return fname


def call_face(fname):  ⑤
    faces = face_api(url, key, ret, fname)
    print('3. Run Face API!')
    face_result = ""
    if faces:
        for face in faces:  ⑥
            left  = face["faceRectangle"]["left"]
            top   = face["faceRectangle"]["top"]
            right = face["faceRectangle"]["left"]+face["faceRectangle"]["width"]
            bottom= face["faceRectangle"]["top"]+face["faceRectangle"]["height"]
            age   = math.floor(face["faceAttributes"]["age"])
            gender= face["faceAttributes"]["gender"]
            print(left, top, right, bottom, age, gender)

            if age < 20:  ⑦
                    if gender == 'male':
                      category = 'Boy'
                    else:
                        category = 'Girl'
            else:
                    if gender == 'male':
                      category = 'Man'
                    else:
                        category = 'Woman'
            face_result = category+" ("+gender+", "+str(age)+")"
            print ('5. Result: '+face_result)

    else:
        print('4. No face detected')
    return face_result


try:
  while True:
    human_exists = int(GPIO.input(human_pin) == GPIO.HIGH)  ⑧
    if human_exists:
        print('1. Human exists!')
```

次ページへ

```
        fname = camera()
        print('2. Took a picture as '+fname)
        if fname:
          face_result = call_face(fname)  ⑨
        else:
          print('2. No picture taken')
    else:
      print('0. No human')
    sleep(1)

except KeyboardInterrupt:
    pass

GPIO.cleanup()
```

①前項で取得したFaceIDのキー情報
②FaceAPIの判定項目（性別、年齢判定）
③FaceAPIを実行するファンクション
④カメラ撮影を行うファンクション
⑤FaceAPIを呼び出し、文字などに変換するファンクション
⑥FaceAPIの個別結果を取り出す
⑦年齢判別から適当な文字を生成
⑧人感センサーの結果を返す
⑨FaceAPIを呼び出す

このプログラム human_face.py を実行すると、次のようなメッセージが出力されます。

0. No human（人感センサーで人を検知していない状態）

1. Human Exists!（人感センサーで人を検知！）

2. Took a picture as File Name（カメラで写真を撮ったファイル名を表示）

3. Run Face API!（Face APIを実行中）

4. No face detected（Face APIで顔を検知しなかった場合）

5. Result: Man/Woman/Boy/Gril（Face APIで顔を検知し、その結果を表示）

```
pi@raspberrypi:~/Programs $ sudo python3 human_face.py ⏎
0. No human
1. Human exists!
2. Took a picture as
/home/pi/Programs/image/20201017/222929.jpg
3. Run Face API!
43 197 298 452 35 male
5. Result: Man (male, 35)
```

　手や顔などを近づけて検知されたら、写真を撮影して35歳くらいの男性と判定されました。概ね間違っていないのでしょう！

●**人または手を検知して、写真を撮り、顔写真から性別、年齢を推測**

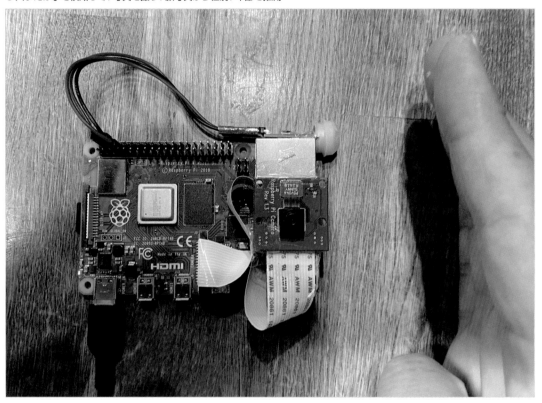

Raspberry Piにディスプレイを付け デジタルサイネージを作成

このデバイスは、人が通ると人感センサーでそれを検知し、カメラで画像を撮影して性別と年齢を測定します。さらにその結果に応じて表示される画像を変えるデジタルサイネージです。

▶ 液晶ディスプレイ上のデスクトップアプリの作成

Raspberry Piで人感センサーの接続とカメラによる顔判別ができたので、これを画面に表示させたいと思います。Raspberry Piに対応した7インチタッチディスプレイを使用します。Raspberry Pi側はMicro HDMI、ディスプレイ側は通常のHDMI接続することで画面出力できます。

●7インチ・タッチ・ディスプレイ

● 液晶にRaspberry Piの画面を出力した結果

● 配線図

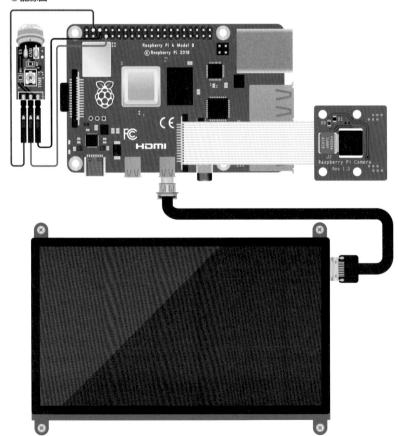

　画面表示を行うアプリケーションを、Pythonで使用できる「**tkinter**」というライブラリを使って作成します。まずtkinterをインストールします。apt-get installコマンドに続けてpython3-tkを指定して実行します。

```
$ sudo apt-get install python3-tk ⏎
```

　インストールしたtkinterを使って、前節で設定した人感センサーの結果を表示するプログラムhuman_display.pyを作ります。

● human_display.py プログラム

human_display.py

```python
# -*- encoding:utf-8 -*-
from tkinter import *  ①
from datetime import datetime
import RPi.GPIO as GPIO
from time import sleep

human_pin = 4  ②
GPIO.setmode(GPIO.BCM)
GPIO.setup(human_pin, GPIO.IN)

# メインウィンドウ作成
root = Tk()  ③
# メインウィンドウサイズ
root.geometry("720x480")
# メインウィンドウタイトル
root.title("Human Display")

# Canvas 作成
c = Canvas(root, bg="#FFFFFF", width=500, height=480)  ③
c.pack(expand=True, fill='x', padx=5, side='left')

# 文字列作成
ch = c.create_text(500, 80, font=('', 60, 'bold'), fill='red')  ④
cd = c.create_text(500, 180, font=('', 40, 'bold'), fill='black')
ct = c.create_text(500, 280, font=('', 80), fill='black')
cf = c.create_text(500, 400, font=('', 40), fill='blue')

# メインウィンドウの最大化
root.attributes("-zoomed", "1")
# 常に最前面に表示
root.attributes("-topmost", False)

def cupdate():  ⑤

    hpin=GPIO.input(human_pin)  ⑥
    if hpin == 1:
        h='人が来ました！'  #'Human Detected'  ⑦
```

次ページへ

Chapter **5**

顔検知・感情判定デバイス（顔判別ディスプレイ）を作る

```
        else:
            h='誰もいません' #'No Human'
        print(h)

        # 現在時刻を表示
        now = datetime.now()
        d = '{0:0>4d}年{1:0>2d}月{2:0>2d}日 ({3})'.format(now.year, now.month,⏎
now.day, now.strftime('%a'))
        t = '{0:0>2d}:{1:0>2d}:{2:0>2d}'.format(now.hour, now.minute, now.second)
        c.itemconfigure(ch, text='Human Display')
        c.itemconfigure(cd, text=d)
        c.itemconfigure(ct, text=t)
        c.itemconfigure(cf, text=h) ⑧
        c.update()
        root.after(1000, cupdate) ⑨

root.after(1000, cupdate)
root.mainloop() ⑩
GPIO.cleanup()
```

①Tkinterライブラリの呼び出し

②人感センサのGPIOを4にセット

③Tkinterを使ってこのディスプレイに合わせたウィンドウの作成

④ディスプレイに表示するメッセージ領域を指定

⑤定期的にチェックするようなファンクションを作成

⑥人感センサの指定

⑦人感センサの値に応じてメッセージを作成

⑧メッセージを表示

⑨1秒間隔で繰り返す

⑩メインのループを繰り返す

human_display.pyプログラムが作成できたら、次のようにコマンドで実行します。

```
$ sudo python3 human_display.py ⏎
```

人感センサーで人を検知したら、以下のようなメッセージが画面に出力されます。

(0) 誰もいません（人感センサーで人を検知していない状態）

(1) 人が来ました！（人感センサーで人を検知）

● 人を検知しなかったときの画面

● 人を検知したときの結果画面

▶ Raspberry Pi Displayの作成

　人感センサーでの検知、カメラによる顔判別、ディスプレイによる表示ができたので、それらを組み合わせてデジタルサイネージとして作り上げます。

　プラスチック製のタブレットケースなどを用意し、そこにRaspberry Pi、バッテリー、ケーブルなどを設置していきます。カメラと人感センサーも使いやすい位置にセットします。

●プラスチックのタブレットケースなどに、Raspberry Pi、バッテリー、カメラなどを設置

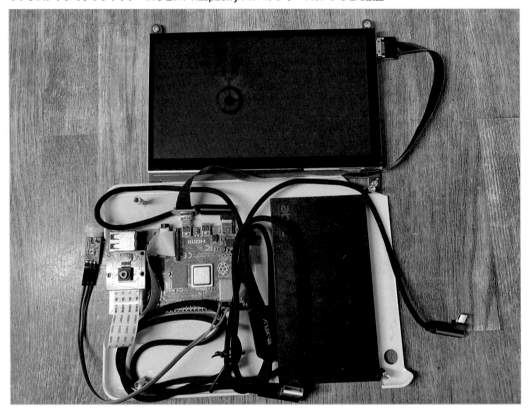

　ケース上にRaspberry Piなどを設置したら、その上に7インチディスプレイをのせます。ディスプレイやRaspberry Piに付いているネジ穴を使って、ケースとデバイスを固定します。

● ケースの上にディスプレイを設置

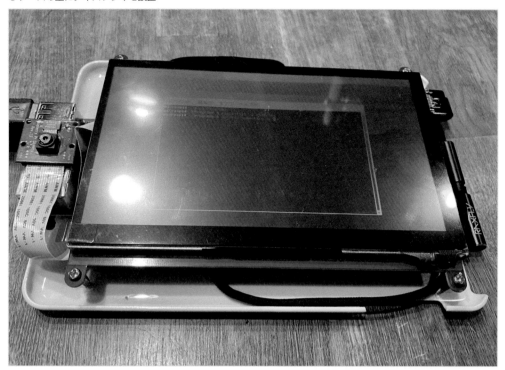

　最後に液晶やカメラの穴をあけた表面のカバーを付けます。タブレットスタンドなども使って、見やすく立てれば、Raspberry Pi Displayの完成です。

●Raspberry Pi Displayの完成

▶ 人物判別サイネージとして作り上げる

このディスプレイでは、条件により画面上に表示する動画を変えるプログラムを動作させます。家の中で家族に応じた画像を表示したり、展示会などでディスプレイの前を通った人の属性に応じて、動画を再生するデバイスです。

ここでは参考のため、家庭内で性別・年齢を判別して、それに見合った動画を再生するサンプル・プログラムを作ります。家の中で子ども（15歳以下）を判別したら、ゲームの動画を再生します。大人の男性（お父さんなど）が通ったら、ニュースなどを再生します。女性が通ったらファッションに関する動画など、カテゴリごとにさまざまな動画を再生するようにします。次の表が性別、年齢などに応じたカテゴリとその動画の一覧です。

Category（カテゴリ）	Gender（性別）	Age（年齢）	実施項目
Boy（男の子）	Male（男性）	15歳未満	boy.mp3（ゲームの動画）
Man（男の人）	Male（男性）	15歳以上	man.mp3（もの作りの動画）
Gril（女の子）	Female（女性）	15歳未満	girl.mp3（動物の動画）
Woman（女の人）	Female（女性）	15歳以上	woman.mp3（ファッションの動画）

この仕組みに従って、顔識別による動画出し分けのプログラムface_display.pyを作成します。

● face_display.py

```
face_display.py
# -*- encoding:utf-8 -*-
from tkinter import *
from datetime import datetime
import RPi.GPIO as GPIO
from time import sleep

import urllib
import json
from io import BytesIO
from PIL import Image, ImageDraw
import math
import os

import sys
import subprocess
import requests
import yaml

url = 'https://raspiface.cognitiveservices.azure.com/face/v1.0/detect'
key = 'xxx'  ①
ret = 'age,gender,smile,emotion'  ②

human_pin = 4
GPIO.setmode(GPIO.BCM)
GPIO.setup(human_pin, GPIO.IN)

def face_api(url, key, ret, image):  ③
    headers = {
        'Content-Type': 'application/octet-stream',
        'Ocp-Apim-Subscription-Key': key,
        'cache-control': 'no-cache',
    }
    params = {
        'returnFaceId': 'true',
        'returnFaceLandmarks': 'false',
        'returnFaceAttributes': ret,
    }
    data = open(image, 'rb').read()
    try:
        jsnResponse = requests.post(url ,headers=headers, params=params,⏎
data=data)
        if(jsnResponse.status_code != 200):
            jsnResponse = []
        else:
            jsnResponse = jsnResponse.json()
```

次ページへ

```python
        except requests.exceptions.RequestException as e:
            jsnResponse = []

    return jsnResponse

def camera(): ④
    now = datetime.now()
    dir_name = now.strftime('%Y%m%d')
    dir_path = '/home/pi/Programs/image/' + dir_name + '/'
    file_name= now.strftime('%H%M%S') + '.jpg'
    fname    = dir_path + file_name
    try:
        os.mkdir(dir_path)
    except OSError:
        print('Date dir already exists')
    os.system('sudo raspistill -h 640 -w 480 -o ' + fname)
    return fname

def call_face(fname): ⑤
    faces = face_api(url, key, ret, fname)
    print('3. Run Face API!')

    if faces:
        for face in faces:
            left  = face["faceRectangle"]["left"]
            top   = face["faceRectangle"]["top"]
            right = face["faceRectangle"]["left"]+face["faceRectangle"]["width"]
            bottom= face["faceRectangle"]["top"]+face["faceRectangle"]["height"]
            age   = math.floor(face["faceAttributes"]["age"])
            gender= face["faceAttributes"]["gender"]
            print(left, top, right, bottom, age, gender)

            if age < 15: ⑥
                    if gender == 'male':
                      category = 'Boy'
                    else:
                        category = 'Girl'
            else:
                    if gender == 'male':
                      category = 'Man'
                    else:
                        category = 'Woman'
        face_result = category+" ("+gender+", "+str(age)+")"
        print ('5. Result: '+face_result)

            os.system('omxplayer -o hdmi /home/pi/Programs/image/'+category+'.mp4') ⑦
    else:
        print('4. No face detected')

    return face_result
```

次ページへ

```python
# メインウィンドウ作成
root = Tk()
# メインウィンドウサイズ
root.geometry("720x480")
# メインウィンドウタイトル
root.title("PiDisplay")

# Canvas 作成
c = Canvas(root, bg="#FFFFFF", width=500, height=480)
c.pack(expand=True, fill='x', padx=5, side='left')

# 文字列作成
ch = c.create_text(500, 80, font=('', 60, 'bold'), fill='red')
cd = c.create_text(500, 180, font=('', 40, 'bold'), fill='black')
ct = c.create_text(500, 280, font=('', 80), fill='black')
cf = c.create_text(500, 400, font=('', 40), fill='blue')

# メインウィンドウの最大化
root.attributes("-zoomed", "1")
# 常に最前面に表示
root.attributes("-topmost", False)

def cupdate():

    human_exists = int(GPIO.input(human_pin) == GPIO.HIGH)
    if human_exists:
        stext = '人が来ました！'
        print('1. Human exists!')
        fname = camera()
        print('2. Took a picture as '+fname)
        if fname:
          face_result = call_face(fname)
          stext = face_result
        else:
          print('2. No picture taken')
    else:
      stext = '誰もいません'
      print('0. No human')
    sleep(1)

    # 現在時刻を表示
    now = datetime.now()
    d = '{0:0>4d}年{1:0>2d}月{2:0>2d}日 ({3})'.format(now.year, now.month,⏎
 now.day, now.strftime('%a'))
    t = '{0:0>2d}:{1:0>2d}:{2:0>2d}'.format(now.hour, now.minute, now.second)
    c.itemconfigure(ch, text='Pi Display')
    c.itemconfigure(cd, text=d)
    c.itemconfigure(ct, text=t)
    c.itemconfigure(cf, text=stext)
```

次ページへ

Chapter 5

顔検知・感情判定デバイス（顔判別ディスプレイ）を作る

```
    c.update()
    #  1秒間隔で繰り返す
    root.after(1000, cupdate)

#  コールバック関数を登録
root.after(1000, cupdate)
#  メインループ
root.mainloop()

GPIO.cleanup()
```

①取得したFaceIDのキー情報

②FaceAPIで抽される結果定義（年齢、笑顔判定）

③FaceAPIを実行するファンクション

④カメラ撮影を行うファンクション

⑤FaceAPIを呼び出し、文字などに変換するファンクション

⑥年齢結果の分岐からカテゴリを決定

⑦カテゴリに応じた動画を再生

このプログラムを、デスクトップアプリとして登録して、自動起動させます。

　次のコマンドは、mkdirコマンドでユーザーのホームディレクトリ内に.configディレクトリを作成し、その中にautostartディレクトリを作成して、cdコマンドで移動しています。さらにviでdisplay.desktopファイルを作成・編集します。

```
$ mkdir ~/.config/autostart; cd $_ ⏎
$ vi display.desktop ⏎
```

● display.desktop

display.desktop

```
[Desktop Entry]
Type=Application
Name=Desktop Face App
Exec=/usr/bin/python3 /home/pi/face_display.py
Terminal=false
```

▶ 人物判別サイネージ・プログラムの実行

デスクトップアプリの準備ができたら完成です。Raspberry Piを再起動して実行させます。
次のようなメッセージ・画面の表示が行われます。

● (0) 誰もいません (人感センサーで人を検知していない状態)

● (1) 人が来ました！(人感センサーで人を検知)

● (2) 写真を撮りました！（カメラで写真を撮ったファイル名を表示）

または、Face APIで顔を検知しなかった場合は、「(3) 顔が認識できませんでした」と表示します。

● (4) 男性、女性、男の子、女の子の表示（ここでは「male, 33」つまり男性で33歳くらいと表示された）

● (5) 結果に応じた動画を流す

　サンプルでは家庭内での検知した人に応じた動画の出し分けを行いました。それ以外でも、人に応じて表示する内容を変えることができるので、展示会やお店などでカテゴリごとの宣伝動画などにも応用できるのではないでしょうか。

　Raspberry Piを使った手軽なデジタルサイネージとして、アイデアを膨らませて作成・使用してみてください。

●Raspberry Piを使った手軽なデジタルサイネージとして活用

Chapter **6**

おしゃべり二足歩行ロボットの作成

頭脳としてAIを搭載し、ジェスチャーなどに反応する二足歩行ロボットを作ります。目の機能としてカメラを、おしゃべり機能としてマイクやスピーカーも使って、動いて遊べる本格的なロボットを作りましょう。

おしゃべり二足歩行ロボットを作る

ロボットを作るといっても、さまざまな形があります。ここでは、人間のように二足歩行し、おしゃべりに
対応するロボットにします。また少し離れたところからジェスチャー（モーション）に反応し、自由に動き
を変えられるものにします。

▶ でき上がるもの、必要部品

ここでは、AIを使って、しゃべって動く二足歩行ロボットを作ります。胸にタッチ・ジェスチャー（モーショ
ン）・センサー、ボディにRaspberry Piとモータードライバー、二足歩行機構、そして頭部分にスピーカーとカ
メラを装備したロボットです。

頭脳と耳、口の機能は**Google Assistant**を使ったおしゃべり機能を持たせます。

目としてカメラを付け**Google Vision**による顔解析、表情判断機能を持たせます。

胸にタッチ、ジェスチャー（モーション）・センサーを付け、触覚のように触れたり、ジェスチャー（モーショ
ン）をすることによってコントロールできるようにします。

二足歩行する機構をRaspberry Piで制御し、人間のように歩き回れるようにします。

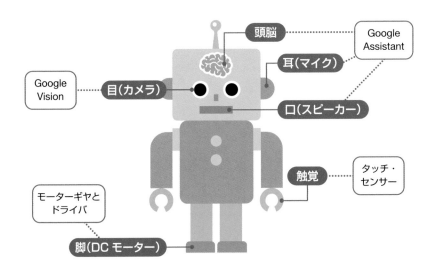

● **ロボットを構成する機能**
- **頭脳、耳、口**：Google Assistant によるおしゃべり機能
- **目**：カメラとGoogle Visionによる画像解析、顔判別
- **触覚**：タッチ、ジェスチャ・センサーによる動きの変化
- **脚**：二足歩行機能により自由に動き回る

　胸のタッチ・ジェスチャー（モーション）・センサーで、上から下に手の平を動かすと手前に、下から上だと後方にロボットが動くようになります。タップすることでスマートスピーカーになったり、写真を撮って感情判断をしたりすることができます。

●**ロボットを構成するジェスチャ・センサーやモータードライバなど**

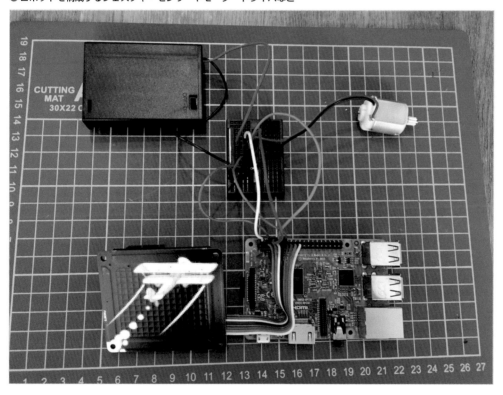

●AI二足歩行ロボット

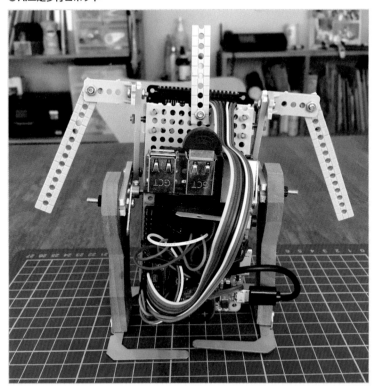

パイカメラ　　スピーカー　　ジェスチャーセンサー　　二足歩行機構

▶ 必要部品

　ここではこれまでのAI機能に、目となるカメラ、耳となるマイク、声を発するスピーカー、それに加えて体を持って動き回るためのモーター駆動装置を搭載します。胸にタッチ、ジェスチャー（モーション）に反応するセンサーを装着しています。

● ロボットに必要な部品群

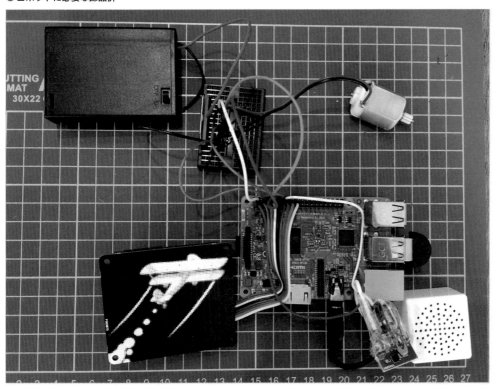

　このロボットの作成に必要な電子部品等は246ページに記載しています。

▶ このロボットを作るうえで学べること

このロボットを作ることにより、Raspberry PiとAI技術を使って、次のようなことを学びながら、もの作りができるようになっています。

- **Raspberry PiでDCモーターを使って二足歩行の仕組みを作る**
- **Google Assistantからモーターを動かす**
- **カスタム命令によるハードウェアとの連動**
- **ジェスチャ・センサーを使って、ロボットを動かす仕組み**
  （例えば次のような動きができるようにします）
  - **指を上から下に動かす**：前進する
  - **指を下から上に動かす**：後退する
  - **空中でシングルタップ**：スマートスピーカーとして、命令に応じた応答を行う
  - **空中でダブルタップ**：写真を撮って、撮られたものの判別を行う。（物体認識、顔認識、笑顔認識）

このロボットを作るためのステップは次のようになっています。

- **耳、口と頭脳となるAI機能のインストール（Google Assistant）**
- **目となるカメラのセットアップ（Google Vision）**
- **触覚（ジェスチャ・センサ）のセットアップ**
- **脚となる二足歩行の構築**
- **すべてを組み合わせたプログラミング**

● 二足歩行の機構にRaspberry Piを搭載

それではおしゃべり二足歩行ロボットを作っていきましょう。

<table>
<tr><td>

**Section
6-2**

</td><td>

Google Assistantによる
会話機能の設定

</td></tr>
</table>

Raspberry Piでロボットを作り始めるに当たり、人と会話できるおしゃべり機能を追加します。Google Assistant SDKをインストールすることで、AI機能でさまざまなことに応えてくれるロボットになります。

▶ Google Assistantの設定

GoogleのAIサービスの中から、**Google Assistant SDK**をインストールして、ロボットと会話できるようにします。Chapter 4で解説したようにGoogleのCloud Platformにログオンしてください。Assistant SDKのページ（https://developers.google.com/assistant/sdk/）にアクセスします。

● Google Assistant SDKのトップページ（https://developers.google.com/assistant/sdk/）

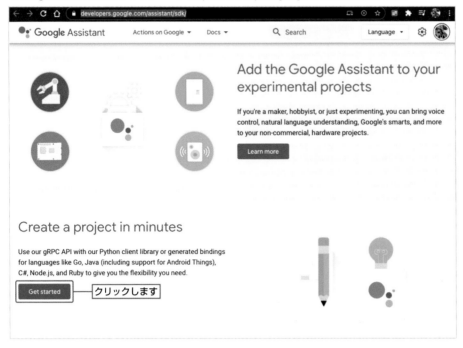

PythonベースのSDKインストールのためのステップ・バイステップの方法があります。非商品の実験に使用を限定すると説明がありますが、自分自身の電子工作であれば問題ないでしょう。

● Assistant SDKのステップ（https://developers.google.com/assistant/sdk/guides/service/python）

Assistant SDKを導入する手順は次のとおりです。

1. Raspberry Piの設定

2. スピーカーとマイクの設定

3. Google Projectの作成

4. デバイス・モデルの登録

5. Assistant SDKのインストール

6. Run the Sample Code

7. Next Steps

▶ Raspberry Piとハードウェアの設定

マイクとスピーカーのハードウェアの設定を行います。

マイクとスピーカーをRaspberry Piに接続します。接続したらコマンドでRaspberry Piにハードウェアが認識されているかを確認します。

aplay -lコマンドでRaspberry Piに接続されているスピーカーの一覧を表示します。

次の例ではcard 2:、device 0:にスピーカーがつながれているのが確認できます。

```
pi@raspberryai:~ $ aplay -l 🔲
**** List of PLAYBACK Hardware Devices ****
card 0: b1 [bcm2835 HDMI 1], device 0: bcm2835 HDMI 1 [bcm2835 HDMI 1]
  Subdevices: 4/4
  Subdevice #0: subdevice #0
  Subdevice #1: subdevice #1
  Subdevice #2: subdevice #2
  Subdevice #3: subdevice #3
card 1: Headphones [bcm2835 Headphones], device 0: bcm2835 Headphones [bcm2835 Headphones]
  Subdevices: 4/4
  Subdevice #0: subdevice #0
  Subdevice #1: subdevice #1
  Subdevice #2: subdevice #2
  Subdevice #3: subdevice #3
card 2: Device [USB PnP Sound Device], device 0: USB Audio [USB Audio]
  Subdevices: 1/1
  Subdevice #0: subdevice #0
```

arecord -lのコマンドで、Raspberry Piに接続されているマイクの一覧を表示します。次の例ではcard 2:、device0:にUSBマイクが確認できます。

```
pi@raspberryai:~ $ arecord -l 🔲
**** List of CAPTURE Hardware Devices ****
card 2: Device [USB PnP Sound Device], device 0: USB Audio [USB Audio]
  Subdevices: 1/1
  Subdevice #0: subdevice #0
```

必要があれば、**alsamixer**コマンドで音量の調節を行ってください。

```
pi@raspberryai:~ $ alsamixer 🔲
```

確認したスピーカー、マイクのカード番号（例ではいずれもcard 2）を使って、マイクで音を拾ってスピーカーでそのまま音を出力してみます。arecord -Dコマンドでマイクデバイスを指定し、|（パイプ）で実行結果をaplay -Dコマンドへ受け渡します。

自分のしゃべった声がそのままスピーカーから出力されたら、ハードウェアの設定は完了です。

```
pi@raspberryai:~ $ arecord -D plughw:2 | aplay -D plughw:2 🔲
Recording WAVE 'stdin' : Unsigned 8 bit, Rate 8000 Hz, Mono
Playing WAVE 'stdin' : Unsigned 8 bit, Rate 8000 Hz, Mono
^CAborted by signal Interrupt...
arecord: pcm_read:2145: read error: Interrupted system call
Aborted by signal Interrupt...
```

▶ Google Projectとデバイス・モデルの設定

》Google Projectの作成

　Assistant SDKガイドのページ（https://developers.google.com/assistant/sdk/guides/service/python）に従って、Google Cloud上のプロジェクトを作成しておきます。また同じページ上にある「Enable the API」ボタンをクリックしてAssistant APIを有効化します。

● **Assistant SDKガイド画面**（https://developers.google.com/assistant/sdk/guides/service/python）

　Asssistant APIの有効化画面が表示されたら、Google Projectが割り当てられているか確認します。

　次ページの例では、左上に「RaspberryAI」というプロジェクト名が割り当てられています。「APIを有効にする」をクリックして有効化します。有効化すると「APIを無効にする」と表示が変化します。

●Assistant APIを有効にする

Actions on Google（https://console.actions.google.com/）という、デバイス設定画面が表示されます。Action画面上の「New project」ボタンをクリックして新しいプロジェクトを作ります。

●Actions on Googleのコンソール・ページ

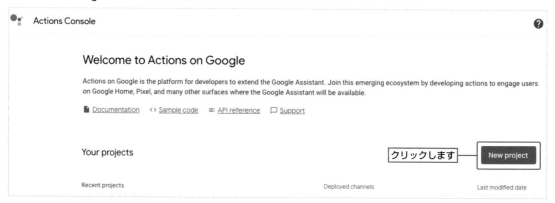

Project Name欄には任意のプロジェクト名（例では「RasPiRobot」）を入力します。言語の選択では日本語なら「Japanese」、国の選択では日本の場合は「Japan」を選びます。

「Create project」ボタンをクリックするとプロジェクトが作成されます。

● Projectの言語設定

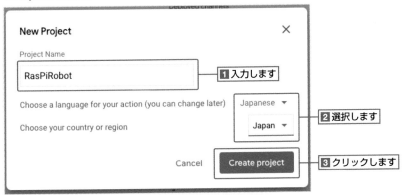

プロジェクトが作成されたら、適当なアクションを選択します。ここでは「Custom」を選んでおきます。その後、右上に表示されている「Start Building」をクリックします。

● Projectの設定画面

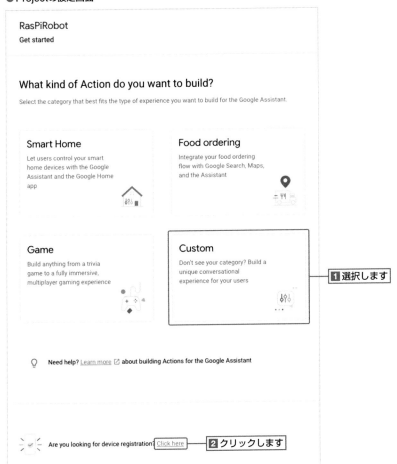

　前ページの写真の画面下にある「Are you looking for device registration?」横の「Click here」をクリックしてデバイス情報を追加します。「REGISTER MODEL」ボタンをクリックしてモデルを登録していきます。

● Device registration画面

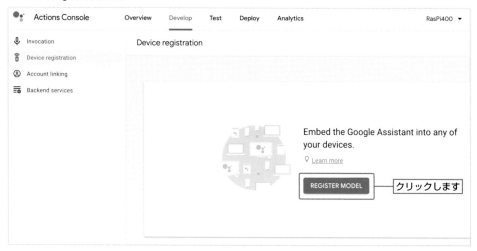

　「Product name」「Manufacturer name」欄に適当な情報を入力します。デバイスタイプは「Speaker」で構いません。「Model id」は今後使用するのでメモを取っておいてください。「REGISTER MODEL」ボタンをクリックしてモデルを登録します。

● Model登録画面

　登録したモデル情報から、認証ファイルが生成されます。この認証ファイルをRaspberry Piに格納することで、このプロジェクトとの紐付け・認可ができます。「Download OAuth……」ボタンをクリックしてファイルをパソコンにダウンロードしておきます。「Next」ボタンをクリックします。ファイル転送後に作業があるので、この画面は閉じないでください。

●認可情報ダウンロード画面

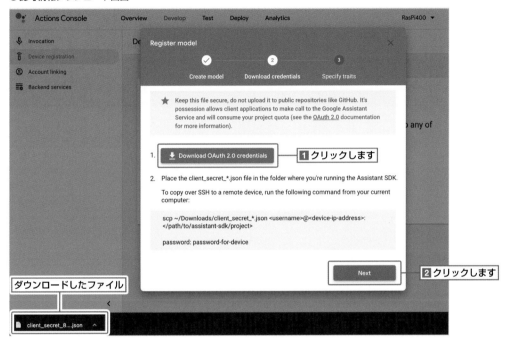

　パソコンにダウンロードした認証ファイル（Jsonファイル）を、Raspberry Piに転送します。46ページで解説したように、WindowsであればFilezillaなどのファイル転送ツールを用いて、ユーザーのホームディレクトリに転送します。Macであればターミナルソフトを起動して次のようにscpコマンドで転送します。ファイル名の「xxx」部分は自分のファイルに読み替えてください。パスワード入力を求められたら、ユーザーのパスワードを入力します。

```
$ scp ~/Downloads/client_secret_xxx.json pi@raspberryai.local: ⏎
Warning: Permanently added the ECDSA host key for IP address '240b:c010:430:b4a8:b6d4:9bdf:
d7dc:a62b' to the list of known hosts.
pi@raspberryai.local's password:
client_secret_xxx 100%  346    40.5KB/s   00:00
```

　転送できたら、SSHでRaspberry Piにログインします。lsコマンドでファイルを確認しましょう。ユーザーのホームディレクトリにclient_secret_xxx.jsonファイルがあれば転送は完了です。

```
(Raspberry Pi側) pi@raspberryai: ~ $ ls ⏎
client_secret_xxx.json
```

パソコン上での作業に戻ります。Traits情報の登録画面が表示されています。これはGoogle Assistantに話しかけた際に幾つかの追加のコマンドを使用できるものです。「All 7 Traits」をチェックして、「SAVE TRAITS」ボタンをクリックします。

● Traitsの追加

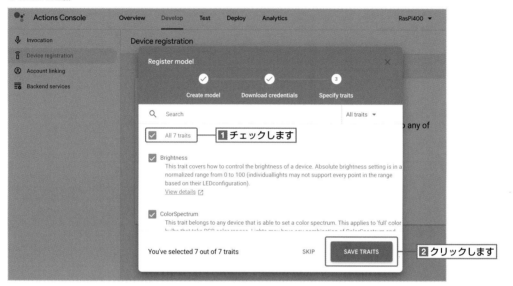

作業が完了すると、次のような登録モデルの確認画面になります。ここから登録情報を確認したり、再度認証ファイルをダウンロードしたりすることができます。

● 登録モデル一覧画面

最後にアクティビティ管理画面（https://myactivity.google.com/activitycontrols）にアクセスし、このAssis

tant機能でできることを登録しておきます。

「ウェブとアプリのアクティビティ」のスイッチを有効にします。

● アクティビティ設定画面（https://myactivity.google.com/activitycontrols）

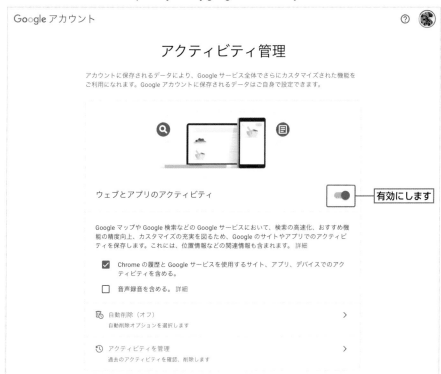

「ロケーション履歴」も有効にします。

●ロケーション情報

▶ Assistant SDKのインストール

サイトでの各種設定が終わったので、Raspberry Piに**Assistant SDK**をインストールしていきます。

Assistant SDKの詳細はGithub（https://github.com/googlesamples/assistant-sdk-python）に載っていますので適宜参照してください。

Assistant SDKの利用には、Python3環境が必要です。Chapter 4のSection 4-2の内容と同様に、Python3と仮想環境のインストールを行います。なお、すでに作業済みなら再度行う必要はありません。

```
pi@raspberryai:~ $ sudo apt-get install python3-dev python3-venv ↵
Reading package lists... Done
Building dependency tree
Reading state information... Done
python3-dev is already the newest version (3.7.3-1).
python3-dev set to manually installed.
python3-venv is already the newest version (3.7.3-1).
python3-venv set to manually installed.
0 upgraded, 0 newly installed, 0 to remove and 166 not upgraded.
```

仮想環境をenvフォルダに作成します。この作業も、すでに実行済みでしたら再度行う必要はありません。

```
pi@raspberryai:~ $ python3 -m venv env 
```

Assistant SDKのインストールにはChapter 4で解説したpipコマンドを使います。まず、pip install --upgradeでpip、setuptools、wheelを更新します。

```
$ env/bin/python -m pip install --upgrade pip setuptools wheel 
Looking in indexes: https://pypi.org/simple, https://www.piwheels.org/simple
Collecting pip
  Downloading
https://files.pythonhosted.org/packages/54/eb/4a3642e971f404d69d4f6fa3885559d675628
01b99d7592487f1ecc4e017/pip-20.3.3-py2.py3-none-any.whl (1.5MB)
    100% |?????????????????????????????????| 1.5MB 307kB/s

...

Installing collected packages: pip, setuptools, wheel
  Found existing installation: pip 18.1
    Uninstalling pip-18.1:
      Successfully uninstalled pip-18.1
  Found existing installation: setuptools 40.8.0
    Uninstalling setuptools-40.8.0:
      Successfully uninstalled setuptools-40.8.0
Successfully installed pip-20.3.3 setuptools-51.0.0 wheel-0.36.2
```

envフォルダ内にあるPython3仮想環境設定ファイルをアクティベイトします。プロンプト行頭に「(env)」と表示され、Python3環境であるのが確認できます。

```
pi@raspberryai:~ $ source env/bin/activate
(env) pi@raspberryai:~ $ 
```

apt-get installコマンドでSDKインストールに必要な各種ライブラリ（portaudio19-dev、libffi-dev、libssl-dev）をインストールします。実行には管理者権限が必要です。

```
(env) pi@raspberryai:~ $ sudo apt-get install portaudio19-dev libffi-dev libssl-dev 
Reading package lists... Done
Building dependency tree
Reading state information... Done
libssl-dev is already the newest version (1.1.1d-0+deb10u3+rpt1).
...
Setting up portaudio19-dev:armhf (19.6.0-1) ...
Processing triggers for libc-bin (2.28-10+rpi1) ...
Processing triggers for man-db (2.8.5-2) ...
Processing triggers for install-info (6.5.0.dfsg.1-4+b1) ...
```

　pip install --upgradeコマンドでgoogle-assistant-sdkの最新版をインストールします。実行には管理者権限が必要です。

```
(env) pi@raspberryai:~ $ sudo python3 -m pip install --upgrade google-assistant-sd
k[samples] ⏎
Looking in indexes: https://pypi.org/simple, https://www.piwheels.org/simple
Collecting google-assistant-sdk[samples]
...
Successfully installed CFFI-1.14.4 cachetools-4.2.0 click-6.7 futures-3.1.1 google-
assistant-grpc-0.2.1 google-assistant-sdk-0.6.0 google-auth-1.24.0 google-auth-
oauthlib-0.4.2 googleapis-common-protos-1.52.0 grpcio-1.34.0 ipaddress-1.0.23 pathl
ib2-2.3.5 protobuf-3.14.0 pyasn1-0.4.8 pyasn1-modules-0.2.8 pycparser-2.20 rsa-4.6
sounddevice-0.3.15 tenacity-4.12.0
```

　さらにpipコマンドで認証ツール（google-auth-oauthlib）をインストールします。

```
(env) pi@raspberryai:~ $ python -m pip install --upgrade google-auth-oauthlib[tool] ⏎
Looking in indexes: https://pypi.org/simple, https://www.piwheels.org/simple
Requirement already satisfied: google-auth-oauthlib[tool] in ./env/lib/python3.7/
site-packages (0.2.0)
Collecting google-auth-oauthlib[tool]
...
Installing collected packages: google-auth-oauthlib
  Attempting uninstall: google-auth-oauthlib
    Found existing installation: google-auth-oauthlib 0.2.0
    Uninstalling google-auth-oauthlib-0.2.0:
      Successfully uninstalled google-auth-oauthlib-0.2.0
Successfully installed google-auth-oauthlib-0.4.2
```

　インストールした認証ツール（google-oauthlib-tool）を使って、パソコンから転送したJson認証ファイルを読み込ませます。「~/client_secret_xxxx.json」の部分は、ホームディレクトリに格納された先ほどのJsonファイル名です。

　コマンドを実行すると、メッセージ中にURLが表示されます。これをコピーし、パソコンのブラウザのURL欄に貼り付けてアクセスします。

```
(env) pi@raspberryai:~ $ google-oauthlib-tool --scope https://www.googleapis.com/a
uth/assistant-sdk-prototype --save --headless --client-secrets ~/client_secret_xxx
x.json ⏎
Please visit this URL to authorize this application:    1 コピーしてブラウザでアクセスします
https://accounts.google.com/o/oauth2/auth?response_type=code&client_id=xxxx&redire
ct_uri=yyyy&state=zzzzj&prompt=consent&access_type=offline
Enter the authorization code: XXXX
credentials saved: /home/pi/.config/google-oauthlib-tool/credentials.json
```

2 213ページで取得するコードを貼付けます

　ブラウザでこのURLにアクセスすると、次のようなログインページが表示されます。自分のGoogleのアカウントでログインします。

● Googleログイン画面

　権限の付与を求められるので「許可」をクリックします。

●権限付与画面

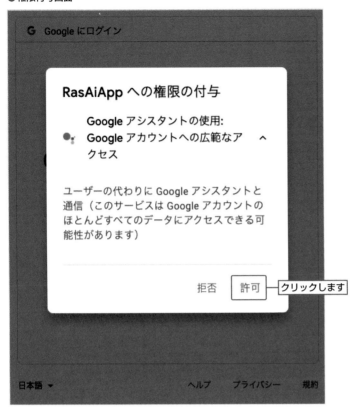

最後に登録内容を確認して「許可」ボタンをクリックします。

● 登録内容確認画面

登録が完了すると次のようなコードが出力されます。コピーします。

● 認証コード出力

　このコードをコピーして、210ページの「Enter the authorization code:」に貼り付けます。これでGoogleアカウントとRaspberry Piの認証情報の紐付けができました。

　Assistant SDKのインストールができたので、実際に使ってみましょう。

▶ Google Assistantを使用する

　Google Assistantを使用しましょう。環境ファイルをアクティベイトして(env)と表示されているのを確認します。

　キーを押してAssistantを起動するサンプルプログラムgooglesamples-assistant-pushtotalkを実行します。--project-idには設定したプロジェクトID、--device-mode-idには設定したモデルIDを指定します。

```
pi@raspberryai:~ $ source env/bin/activate
(env) pi@raspberryai:~ $ googlesamples-assistant-pushtotalk --project-id xxxx_proj_
id --device-model-id yyyy_model_id ↵
INFO:root:Connecting to embeddedassistant.googleapis.com
INFO:root:Using device model raspberryai-rasaiprd and device id xxxx

Press Enter to send a new request...
INFO:root:Recording audio request.
WARNING:root:SoundDeviceStream read overflow (3200, 6400)
INFO:root:Transcript of user request: "ハロー".
INFO:root:End of audio request detected.
INFO:root:Stopping recording.
INFO:root:Transcript of user request: "ハロー".
INFO:root:Playing assistant response.
INFO:root:Finished playing assistant response.

Press Enter to send a new request...
INFO:root:Recording audio request.
INFO:root:Transcript of user request: "今日の".
INFO:root:Transcript of user request: "今日の天気は".
INFO:root:Transcript of user request: "今日の天気は 何で".
INFO:root:End of audio request detected.
INFO:root:Stopping recording.
INFO:root:Transcript of user request: "今日の天気は何ですか".
INFO:root:Playing assistant response.
INFO:root:Finished playing assistant response.
```

```
Press Enter to send a new request...
INFO:root:Recording audio request.
INFO:root:Transcript of user request: "渋谷から".
INFO:root:Transcript of user request: "渋谷から新宿の行き方".
INFO:root:End of audio request detected.
INFO:root:Stopping recording.
INFO:root:Transcript of user request: "渋谷から新宿の行き方を教えて".
INFO:root:Playing assistant response.
INFO:root:Finished playing assistant response.

Press Enter to send a new request...
INFO:root:Recording audio request.
INFO:root:Transcript of user request: "さようなら".
INFO:root:End of audio request detected.
INFO:root:Stopping recording.
INFO:root:Transcript of user request: "さようなら".
INFO:root:Playing assistant response.
INFO:root:Finished playing assistant response.
```

　Google Assistantが発言内容を聞き始めます。今日の天気や経路案内などをマイクに尋ねてみてください。言語を捉えて、日本語で応えてくれます。

　音声の聞き取りなどができない場合は、ハードウェアの設定がうまくいっていない恐れがあります。マイクやスピーカーの設定を確認してみてください。

　これでロボットの第一段階、Google Assistantによるおしゃべり機能が実装できました。

目の機能「Google Vision」の設定

ロボットの機能として、目の役割をするカメラを接続し、AIによる画像認識機能を追加します。Googleが
提供するAI画像解析Vision APIを導入することで、何が写っているかや人の顔などを簡単に読み取ってく
れるようになります。

▶ Googleの画像解析機能Vision AI

　Googleが提供する画像解析機能にはさまざまなものがあります。Google Vision AIのサイト（https://cloud.
google.com/vision）にアクセスして内容を確認してみましょう。

● Google Cloud Vision AIサイト（https://cloud.google.com/vision）

　Vision AIの中でも、Raspberry Piから簡単に使えるVision APIを使います。写真を撮って、そこに何が写って
いるか、人の顔かどうかなどを簡便的に判別させることができます。

　Vision APIを使い始めるには、APIライブラリのクイックスタート（https://cloud.google.com/vision/docs/quickstart-client-libraries）を参照します。ここにVision APIの設定ステップが詳しく記載されています。それに従ってセットアップします。

● Google Visionのステップ（https://cloud.google.com/vision/docs/quickstart-client-libraries）

　クイックスタートのステップに従って、セットアップしていきましょう。次のステップで行います。

1. **プロジェクトの選択**
2. **Cloudプロジェクトの設定**
3. **Vision APIの有効化**
4. **認証の設定**
5. **Vision APIのインストール**
6. **Vision APIの使用**

　プロジェクトの選択とCloudプロジェクトの設定は、Chapter 4のウェアブル翻訳機の製作で解説しました。実行していない場合は、Section 4-2を参照して実行してください。

3. Vision APIの有効化

Google VisionのAPIを有効化します。前ページの写真の「APIを有効にする」ボタンをクリックして有効にします。

4. 認証の設定

Raspberry PiからGoogle APIの機能を使用するために認証する必要があります。前ページのAPIライブラリのクイックスタート（https://cloud.google.com/vision/docs/quickstart-client-libraries）の「4. 認証の設定」の内容に従ってサービスアカウントキーを作成しダウンロードします。

● Google Visionのステップ「4. 認証の設定」(https://cloud.google.com/vision/docs/quickstart-client-libraries)

4. 認証の設定:

  a. Cloud Console で、**[サービス アカウント キーの作成]** ページに移動します。

      [サービス アカウント キーの作成] ページに移動 ← クリックしてサービスアカウントキーを作成、ダウンロードします

  b. **[サービス アカウント]** リストから **[新しいサービス アカウント]** を選択します。

  c. **[サービス アカウント名]** フィールドに名前を入力します。

  d. **[ロール]** リストから、**プロジェクト > オーナー**

    ★ **注:** [ロール] フィールドは、サービス アカウントがプロジェクト内のどのリソースにアクセスできるかに影響します。これらのロールは後で取り消すことも、追加のロールを付与することもできます。本番環境では、オーナー、編集者、閲覧者のロールを付与しないでください。詳細については、<u>リソースへのアクセス権の付与、変更、取り消し</u>をご覧ください。

  e. **[作成]** をクリックします。キーが含まれている JSON ファイルがパソコンにダウンロードされます。

5. 環境変数 `GOOGLE_APPLICATION_CREDENTIALS` を、サービス アカウント キーが含まれる JSON ファイルのパスに設定します。この変数は現在のシェル セッションにのみ適用されるため、新しいセッションを開く場合は、変数を再度設定します。

  ➕ **例:** Linux または macOS

  ➕ **例:** Windows

サービスアカウントキー（秘密鍵）の作成画面で、「新しいサービスアカウント」を選んで、適当な任意のアカウント名（例ではraspi400）を入力します。「ロール」は「オーナー」を選びます。キーのタイプは「JSON」形式を選択します。

●サービスアカウントキーの作成画面

「作成」ボタンをクリックすると、認証ファイルがパソコンにダウンロードされます。「秘密鍵がパソコンに保存されました」と表示されたらダウンロード場所を確認します。

●秘密鍵がパソコンに保存される

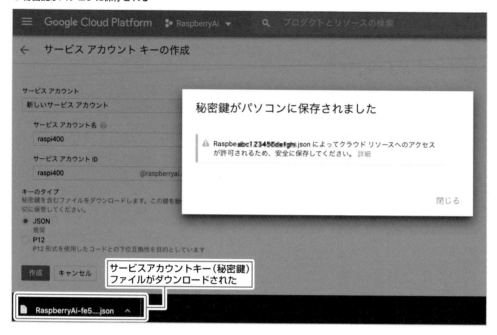

ダウンロードしたJSONファイルをRaspberry PIに転送します。46ページで解説したように、Windowsであればfilezillaなどのファイル転送ツールを用いて、ユーザーのホームディレクトリに転送します。Macであればターミナルソフトを起動して次のようにscpコマンドで転送します。パスワード入力を求められたら、ユーザーのパスワードを入力します。

```
pcuser@PC:~ $ scp RaspberryAi-xxxx.json pi@raspberryai.local: 
pi@raspberryai.local's password:
my-key.json                  100% 2304     15.7KB/s    00:00
```

ファイルを転送したら、Raspberry PiにSSHでログインします。lsコマンドで先ほど転送したサービスアカウントキーファイルがあることを確認します。
続いて、

```
pi@rasbeberryai:~ $ ls 
RaspberryAi-xxxx.json
```

サービスアカウントキーを環境変数として取り込みます。次のようにExportコマンドを使います。

```
pi@rasbeberryai:~ $ export GOOGLE_APPLICATION_CREDENTIALS="/home/pi/RaspberryAi-
xxxx.json" 
```

5. Vision APIのインストール

Vision API自身をRaspberry Piへインストールします。pip install --upgradeコマンドで最新版google-cloud-visionをインストールします。

```
pi@rasbeberryai:~/ $ pip install --upgrade google-cloud-vision ⏎
Looking in indexes: https://pypi.org/simple, https://www.piwheels.org/simpleCollec
ting google-cloud-vision
  Downloading https://files.pythonhosted.org/packages/48/38/754771fa9add8acb4ea7936
7f55ace7ec5c6da4b13226fcdb736b9015a36/google_cloud_vision-2.0.0-py2.py3-none-any.
whl (450kB)
    100% |███████████████████████████████| 460kB 921kB/s
Collecting libcst>=0.2.5 (from google-cloud-vision)
…
Successfully installed google-api-core-1.24.1 google-cloud-vision-2.0.0 libc
st-0.3.16 proto-plus-1.13.0 pytz-2020.5 pyyaml-5.3.1 six-1.15.0 typing-
extensions-3.7.4.3 typing-inspect-0.6.0
```

Visionライブラリの詳細ドキュメントや使い方はhttps://cloud.google.com/vision/docs/librariesに掲載されています。必要なときに参照してください。

6. Vision APIの使用

Vision APIのインストールが完了したら、サンプルプログラムを使って試してみます。git cloneコマンドで、Vision APIのGithub（https://github.com/googleapis/python-vision）からサンプルプログラムをダウンロードします。

```
pi@rasbeberryai:~/ $ git clone https://github.com/googleapis/python-vision.git ⏎
```

ダウンロードしたサンプルプログラムを実行してみましょう。cdコマンドでホームディレクトリ内のpython-vision/samples/snippets/detect/へ移動します。

detect.pyというプログラムを実行してみます。labelsというパラメータを付けて実行すると、写真（例ではresources/wakeupcat.jpg）の中に何が写っているかを解析します。

```
pi@rasbeberryai:~/ $ cd python-vision/samples/snippets/detect/ ⏎
pi@rasbeberryai:~/ $ python3 detect.py labels resources/wakeupcat.jpg ⏎

Labels:
Cat
Small to medium-sized cats
Mammal
Interior design
```

221

● detect.pyで読み取ったGoogleのサンプル画像 wakeupcat.jpg

　サンプル画像の中のwakeupcat.jpgという猫の写真を使っていますが、実行結果のLabels: にCat（猫）であることが表示されています。

　detect.pyにfacesパラメータを付けて、写真（例ではresources/face_no_surprise.jpg）の顔を読み取ってみましょう。実行すると、顔部分の座標を取るだけでなく、anger（怒り）やjoy（喜び）などの表情判断結果も表示します。

```
pi@rasbeberryai:~/ $ python3 detect.py faces resources/face_no_surprise.jpg ⏎
Faces:
anger: LIKELY
joy: VERY_UNLIKELY
surprise: LIKELY
face bounds: (93,425),(520,425),(520,922),(93,922)
```

● 顔認識で読み取ったGoogleのサンプル画像 face_no_surprise.jpg

おしゃべり二足歩行ロボットの作成

サンプル画像ではsurpriseがLIKELYということで「少し驚いている顔」と判別できました。

▶ カメラから画像を撮影

写真を読み込んで画像解析ができるようになったので、今度はRaspberry Piにカメラを付けて写真を撮れるようにしましょう。Chapter 5でも使用したRaspberry Pi公式のカメラモジュールを使用します。カメラモジュールをRaspberry Piに接続してください。

mkdirコマンドでホームディレクトリ内のProgramsディレクトリ内にimageディレクリを作成します。cdコマンドでimagesディレクトリへ移動します。

写真撮影にはraspistillコマンドを用います。-wと-hは画像サイズを指定するオプションです。-oオプションに続いて保存する画像ファイル名を指定します。これで、作業ディレクトリにimage.jpgという写真が保存されました。

```
pi@rasbeberryai:~/ $ mkdir Programs/image ⏎
pi@rasbeberryai:~/ $ cd Programs/image ⏎
pi@rasbeberryai:~/Programs/ $ raspistill -w 480 -h 360 -o image.jpg ⏎
```

▶ 撮った写真から画像解析

Raspberry Piのカメラモジュールで撮った写真を画像解析と連動できるようにしましょう。先ほど使用したdetect.pyをコピーして、Programsディレクトリにcamera_detect.pyとして保存します。

viコマンドでcamera_detect.pyファイルを編集します。

```
pi@rasbeberryai:~/Programs/ $ cp ~/python-vision/samples/snippets/detect/detect.py
~/Programs/camera_detect.py ⏎
pi@rasbeberryai:~/Programs/ $ vi ~/Programs/camera_detect.py ⏎
```

●camera_detect.py プログラム

```
                                                              camera_detect.py
#!/usr/bin/env python
import argparse
import os
from datetime import datetime
image_path = '/home/pi/Programs/image/'

def camera(): ①
    now = datetime.now()
    dir_name = now.strftime('%Y%m%d')
    dir_path = image_path + dir_name + '/'
    file_name= now.strftime('%H%M%S') + '.jpg'
    fname    = dir_path + file_name
    try:
        os.mkdir(dir_path)
```

次ページへ

```
    except OSError:
        print('Date dir already exists')

    os.system('raspistill -w 480 -h 360 -o ' + fname)
    return fname


# [START vision_face_detection]
def detect_faces(path): ②
    """Detects faces in an image."""
    from google.cloud import vision
    import io
    client = vision.ImageAnnotatorClient()

    # [START vision_python_migration_face_detection]
    # [START vision_python_migration_image_file]
    with io.open(path, 'rb') as image_file:
        content = image_file.read()

    image = vision.Image(content=content)
    # [END vision_python_migration_image_file]

    response = client.face_detection(image=image)
    faces = response.face_annotations

    # Names of likelihood from google.cloud.vision.enums
    likelihood_name = ('UNKNOWN', 'VERY_UNLIKELY', 'UNLIKELY', 'POSSIBLE',
                       'LIKELY', 'VERY_LIKELY')
    print('Faces:')

    for face in faces:
        print('anger: {}'.format(likelihood_name[face.anger_likelihood]))
        print('joy: {}'.format(likelihood_name[face.joy_likelihood]))
        print('surprise: {}'.format(likelihood_name[face.surprise_likelihood]))

        if likelihood_name[face.joy_likelihood] in ('UNLIKELY', 'VERY_UNLIKELY'):
            os.system('aplay rest.wav')

        vertices = (['({},{})'.format(vertex.x, vertex.y)
                    for vertex in face.bounding_poly.vertices])

        print('face bounds: {}'.format(','.join(vertices)))

    if response.error.message:
        raise Exception(
            '{}\nFor more info on error messages, check: '
            'https://cloud.google.com/apis/design/errors'.format(
                response.error.message))
    # [END vision_python_migration_face_detection]
# [END vision_face_detection]
```

次ページへ

```python
# [START vision_label_detection]
def detect_labels(path):  ③
    """Detects labels in the file."""
    from google.cloud import vision
    import io
    client = vision.ImageAnnotatorClient()

    # [START vision_python_migration_label_detection]
    with io.open(path, 'rb') as image_file:
        content = image_file.read()

    image = vision.Image(content=content)

    response = client.label_detection(image=image)
    labels = response.label_annotations
    print('Labels:')

    for label in labels:
        print(label.description)

    if response.error.message:
        raise Exception(
            '{}\nFor more info on error messages, check: '
            'https://cloud.google.com/apis/design/errors'.format(
                response.error.message))
    # [END vision_python_migration_label_detection]
# [END vision_label_detection]


# [START vision_text_detection]
def detect_text(path):  ④
    """Detects text in the file."""
    from google.cloud import vision
    import io
    client = vision.ImageAnnotatorClient()

    # [START vision_python_migration_text_detection]
    with io.open(path, 'rb') as image_file:
        content = image_file.read()

    image = vision.Image(content=content)

    response = client.text_detection(image=image)
    texts = response.text_annotations
    print('Texts:')

    for text in texts:
        print('\n"{}"'.format(text.description))
```

次ページへ

```
        vertices = (['({},{})'.format(vertex.x, vertex.y)
                    for vertex in text.bounding_poly.vertices])

        print('bounds: {}'.format(','.join(vertices)))

    if response.error.message:
        raise Exception(
            '{}\nFor more info on error messages, check: '
            'https://cloud.google.com/apis/design/errors'.format(
                response.error.message))
    # [END vision_python_migration_text_detection]
# [END vision_text_detection]


def run_local(args): ⑤
    if args.command == 'faces':
        detect_faces(args.path)
    elif args.command == 'labels':
        detect_labels(args.path)
    elif args.command == 'text':
        detect_text(args.path)


if __name__ == '__main__':
    parser = argparse.ArgumentParser(
        description=__doc__,
        formatter_class=argparse.RawDescriptionHelpFormatter)
    subparsers = parser.add_subparsers(dest='command')

    detect_faces_parser = subparsers.add_parser(
        'faces', help=detect_faces.__doc__)
    #detect_faces_parser.add_argument('path')

    detect_labels_parser = subparsers.add_parser(
        'labels', help=detect_labels.__doc__)
    #detect_labels_parser.add_argument('path')

    detect_text_parser = subparsers.add_parser(
        'text', help=detect_text.__doc__)
    #detect_text_parser.add_argument('path')

    args     = parser.parse_args()
    args.path= camera() ⑥

    if 'uri' in args.command:
        run_uri(args)
    else:
        run_local(args)
```

①カメラで写真を撮ってそれを保存するプログラム

②detect.pyサンプルプログラム中の顔判別プログラムをそのまま使用

③サンプルプログラム中のラベル判別プログラムを使用

④サンプルプログラム中のテキスト判別プログラムを使用

⑤各プログラムをそれぞれfaces, labels, textのパラメータで呼び出し

⑥cameraプログラムで撮影した写真ファイルをpathに適用する

編集が完了したらcamera_detectプログラムを実行してみましょう。

labelsパラメータを付けて実行すると、そこに何が写っているのかラベル付けをします。

```
pi@raspberryai:~/Programs $ python3 camera_detect.py labels ⏎
Date dir already exists
--- Opening /dev/video0...
Trying source module v4l2...
/dev/video0 opened.
...
Labels:

Liquid
Glass bottle
Splay
...
```

textパラメータを付けて実行すると、英語・日本語に関わらず、写真内の文字をテキストに文字起こししてくれます。例では文字が書いてあるボトルの写真を撮ったのですが、形も文字も読み取っています。

```
pi@raspberryai:~/Programs $ python3 camera_detect.py text ⏎
...
Texts:

"HOME
AND
GARDEN"
bounds: (213,271),(373,271),(373,424),(213,424)

"HOME"
bounds: (245,273),(330,271),(331,338),(246,340)
...
```

● camera_detectで読み取ったスプレーボトルの写真

　acesパラメータを付けて実行すると、顔写真であれば顔認識・感情認識をします。面白い表情をして撮ると、Joy:の箇所がLIKELYと表示され、喜んでいることを読み取ります。

```
pi@rasbeberryai:~/Programs $ python3 camera_detect.py faces ⏎
…
Faces:
anger: VERY_UNLIKELY
joy: LIKELY
surprise: VERY_UNLIKELY
face bounds: …
```

　ロボットの目の機能、映像を撮影して、そこに何が写っているかを判別できるようになりました。

Section
6-4

ジェスチャー（モーション）・センサーとモーターの連動

ロボットの目や耳の機能ができたら、触覚と動きの部分を構築します。ジェスチャー（モーション）・センサーにより、人のジェスチャーやタッチに対応できるようにします。また DC モーターを使って駆動機構を作り、ジェスチャー（モーション）・センサーの動きとモーターを連動させます。

▶ ゼスチャー（モーション）・センサーの設定

　ロボットに指示を与える際、タッチや人間の動きに応じて、動きを変えられるようにします。そんな動き（ゼスチャー、モーション）を伝えるセンサーとして、近接の 3D で人の動きを検知する「**ゼスチャー（モーション）・センサー**」があります。

　本書ではタッチまたはジェスチャー（モーション）を判別する「**Skywriter HAT**」（https://www.switch-science.com/catalog/3172/）を使います。

●**Raspberry Pi**に **Skywriter**がそのまま乗る**Hat型**

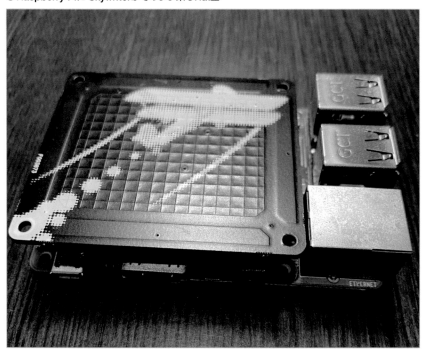

このジェスチャー（モーション）・センサーは、内部に赤外線LEDとドライバ、および反射してきた赤外線を検知する4つのフォトダイオードが内蔵されています。4つの赤外線センサーを使うことで、非接触でさまざまな方向からの光の反射率を計測し、それを上下左右などのジェスチャーに反映させることができます。

このジェスチャー（モーション）・センサー Skywriterを使用して、ロボットの動きを制御できるようにします。

Skywriter HATは、Raspberry PiのGPIOに接続する拡張ボードの形で接続します。Raspberry PiにSkywriter HATを接続しましょう。

接続したら、Skywriter HATのGithub（https://github.com/pimoroni/skywriter-hat）からRaspberry Piで使用可能なライブラリをインストールします。インストールには **curl** コマンドを用います。途中で継続するか確認を求められるので「y」を入力します。

```
pi@raspberryai:~/ $ curl -sS get.pimoroni.com/skywriter | bash ⏎

This script will install everything needed to use
Skywriter

Always be careful when running scripts and commands copied
from the internet. Ensure they are from a trusted source.

If you want to see what this script does before running it,
you should run: 'curl https://get.pimoroni.com/skywriter'

Note: Skywriter requires I2C communication

Do you wish to continue? [y/N] y ⏎

Checking environment...
...
Resources for your Skywriter were copied to
/home/pi/Pimoroni/skywriter

All done. Enjoy your Skywriter!
```

ライブラリをインストールすると/home/pi/Pimoroni/skywriter/examplesが作成されサンプルプログラムが格納されます。このサンプルプログラムをexamplesディクトリごと/home/pi/Programs/robot/内にコピーします。

```
cp -r /home/pi/Pimoroni/skywriter/examples /home/pi/Programs/robot/ ⏎
```

/home/pi/Programs/robot/examplesディレクトリ内にあるサンプルプログラムtest.pyを使って動作確認をしてみます。

●skywriterのtest.py サンプルプログラム

test.py

```python
#!/usr/bin/env python
import signal
import skywriter ①

some_value = 5000

@skywriter.move()
def move(x, y, z): ②
    print( x, y, z )

@skywriter.flick()
def flick(start,finish): ③
    print('Got a flick!', start, finish)

@skywriter.airwheel()
def spinny(delta): ④
    global some_value
    some_value += delta
    if some_value < 0:
        some_value = 0
    if some_value > 10000:
        some_value = 10000
    print('Airwheel:', some_value/100)

@skywriter.double_tap()
def doubletap(position): ⑤
    print('Double tap!', position)

@skywriter.tap()
def tap(position): ⑥
    print('Tap!', position)

@skywriter.touch()
def touch(position): ⑦
    print('Touch!', position)

signal.pause()
```

①Skywriterライブラリを呼び出します。

②Skywriter上の位置（x, y, z）を返す関数

③左から右などフリックした時の動作を検知する関数

④Skywriter上で指を回転させた時の動作を検知する関数

⑤Skywriterにダブルタップした時の動作を検知する関数

⑥Skywriterにタップした時の動作を検知する関数

⑦Skywriterにタッチした時の動作を検知する関数

テストプログラムを実行して、センサーで動きを検知できるか試してみましょう。

I²C接続を行うので管理者権限での実行が必要です。指を少し離した状態で、左から右やタップの動作などをすると、その動きを検知し表示します。

```
pi@raspberryai:~/Programs/robot/examples $ sudo python test.py ⏎
('Got a flick!', 'north', 'south')
('Got a flick!', 'south', 'north')
('Got a flick!', 'east', 'west')
('Got a flick!', 'west', 'east')
('Touch!', 'center')
('Tap!', 'center')
('Double tap!', 'center')
('Tap!', 'north')
('Tap!', 'west')
```

数cmほど離してもジェスチャー（モーション）を捕捉してくれました。

● **ボードのタッチ、ダブルタップなどに対応**

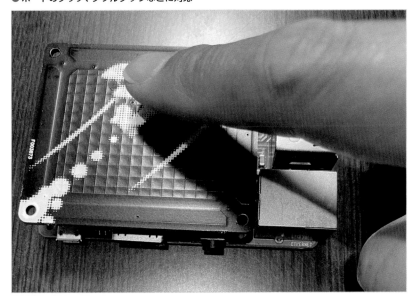

●数センチ離して左右に指を動かすジェスチャー（モーション）も検知

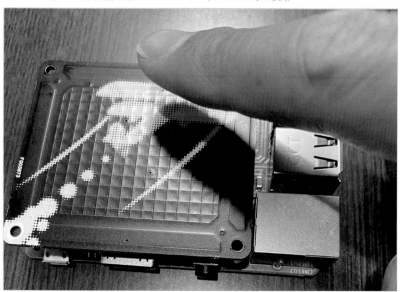

▶ DCモーターでロボットを動かす仕組み

Raspberry Piからロボットを動かす仕組みを作っていきます。Raspberry Piからロボットを駆動させるためにDC（直流）モーターを使います。**DCモーター**は名前のとおり、乾電池などの直流電源につなぐだけで軸を回転できるモーターです。

DCモーターは、回転軸中心の電磁石が磁気を帯びることにより、周りに設置された永久磁石と反発して中心軸が回転する仕組みです。電池を反対につないで電流の向きを変えると電磁石の磁気が逆になり、軸も逆転するようになっています。

DCモーターを使うためにはある程度大きな電流を流す必要があります。ここでは適正電圧が1.5Vで、電流は600mAのマブチモーター製「**FA-130RA**」（https://product.mabuchi-motor.co.jp/detail.html?id=9）を使用します。

モーターの回転を効率的に伝え、タイヤなどを使って前進・後進させるためにギヤボックスを使います。ギヤボックスは歯車の組み合わせでギヤ比が決まり、回転数は少なくてもギア比が大きく（344.2：1など）トルクが大きいものを使うことで、ロボットの二足歩行のための大きな力を使うことができます。

今回は次のようなギヤ比の、タミヤ製「**シングルギヤボックス（4速タイプ）**」（https://www.tamiya.com/japan/products/70167/index.html）を使用します。

● タミヤのギヤボックスの比率

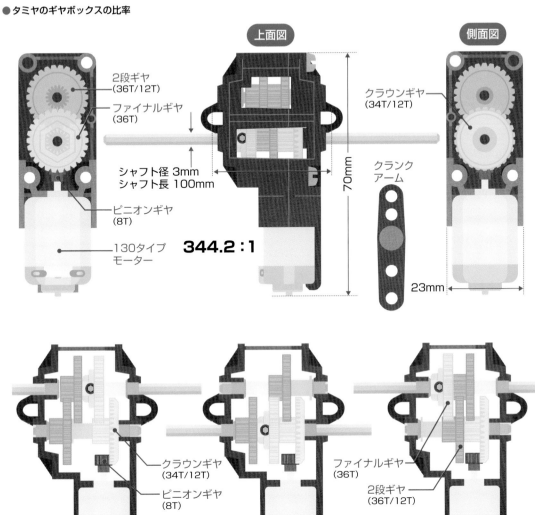

上面図

側面図

2段ギヤ
（36T/12T）

ファイナルギヤ
（36T）

シャフト径 3mm
シャフト長 100mm

ピニオンギヤ
（8T）

130タイプ
モーター

クラウンギヤ
（34T/12T）

70mm

クランク
アーム

344.2：1

23mm

クラウンギヤ
（34T/12T）

ピニオンギヤ
（8T）

130タイプ
モーター

ファイナルギヤ
（36T）

2段ギヤ
（36T/12T）

130タイプモーター

12.7：1

38.2：1

114.7：1

▶ モータードライバを使ってRaspberry PiでDCモーターを制御

　Raspberry PiのGPIOは流せる電流の範囲が決まっているので、DCモーターをつなぐために「**FET**（**電流効果トランジスタ**）」という仕組みを使います。FETは電流を制御するトランジスタで、これを用いることでRaspberry Piで大電流が必要な機器を制御できます。このFETとその回路が組み込まれたものが**モータードライバ**です。

　モータードライバはFET回路により、内部に電流の向きを変えるスイッチが内蔵されています。スイッチをコントロールすることで電流の向きを変え、接続したモーターの正転・逆転を制御します。

　本書では**BD6211F搭載モータードライバモジュール**（https://www.switch-science.com/catalog/1064/）を使用して、Raspberry PiからDCモーターを制御します。内部にHブリッジが組み込まれており、正転、逆転、ブレーキ、空走が可能なフルブリッジ型になっています。電源電圧は3〜5.5Vで、定格電流は1Aになっています。

　モータードライバとRaspberry Piを接続します。ドライバの出力端子OUT1、OUT2とモーターのケーブルをつなぎます。モーター制御用の入力端子FINとRINには、Raspberry PiのGPIO20とGPIO21をつないでいます。このモータードライバはPWMというアナログ制御方式を使っており、FINとRINにアナログ信号（PWM）を与えて、回転方向と速度を制御します。この時VREFは電源とつなぎポジティブにしておきます。これらの入力をそれぞれ変えることによりモーターを制御します。

● BD6211F搭載モータードライバモジュールとRaspberry Piの接続

端子番号（左上から）	Raspberry Pi側からの接続	端子番号（右上から）	Raspberry Pi側からの接続
FIN	GPIO20（モーター入力）	OUT1	モーターと接続（出力）
RIN	GPIO21（モーター入力）	OUT2	モーターと接続（出力）
VREF	ポジティブ（3.3V）に接続	—	—
GND	グラウンド（電圧0）と接続	—	—
VCC	ドライバ用電源として接続（5V）	—	—

●配線図

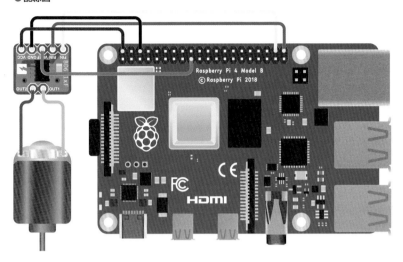

●モーター、ドライバ、RaspberryPiを接続

▶ モーターを動かすプログラム

Raspberry Piとモーター、モータードライバを接続したら、それを操作するプログラムを作ります。
モーターを制御するプログラム move.py プログラムは次のようになっています。

● モーター駆動プログラム

move.py

```python
# -*- coding: utf-8 -*-

from gpiozero import Motor  ①
import time
import sys

motor = Motor(forward=20, backward=21)  ②

param = sys.argv  ③
order = param[1]  ④
second = int(param[2])  ⑤

if order == "forward":  ⑥
    if second == 0:
        print("Go and break 0 command!")
    else:
        print(str(second)+"s forward!")
    motor.forward(0.5)
    time.sleep(second)
    motor.stop()

elif order == "back":  ⑦
    if second == 0:
        print("Back and break 0 command!")
    else:
        print(str(second)+"s Backward")
    motor.backward(0.5)
    time.sleep(second)
    motor.stop()

if order == "stop" or second != 0:  ⑧
    print("Stop!")
    motor.stop()
```

①gpiozeroというライブラリのモーターを制御するMotor関数を定義
②Motor関数中で、RaspberryPiに接続したGPIO端子（ここではGPIO20, 21）を定義
③本プログラムで使うパラメータの設定
④第1パラメータとしてモーターのorder/方向（正転、逆転）を指定

⑤第2パラメータとしてモーターのsecond（動作秒数）を指定

⑥forwardパラメータ値で、正転motor.forwardの後、second秒後ストップします。

⑦backパラメータ値で、正転motor.backwardの後、second秒後ストップします。

⑧stopパラメータ値で、モーターをストップさせます。

　プログラムを実行してモーターを制御しましょう。Python3でmove.pyプログラムを実行します。1つ目のパラメータが方向を表します。fowardで正転、backで逆転します。2つ目のパラメータは動作時間を秒数で指定します。forward 3と指定すると、正転で3秒間モーターを動かします。

```
pi@raspberryai:~/Programs/robot $ python move.py forward 3 ⏎
3s Forward
Stop!
pi@raspberryai:~/Programs/robot $ python move.py back 3
3s Backward
Stop!
```

●Raspberry Piからモーターを回す

　これでRaspberry Piからモータードライバを使って正転、逆転、ブレーキをかけることができるようになりました。

▶ ジェスチャー（モーション）・センサーとモーターの連動

ジェスチャー（モーション）・センサー Skywriter HATの動きとモーターを連動させてみましょう。

Raspberry PiにSkywriter HATとモータードライバ、モーターを接続します。

Skywriter HATはRaspberry PiのGPIO端子と次の表のように接続しています。Hatとして接続する場合はそのままRaspberry Piのピンに被せればいいのですが、今回はSkywriter HATをロボットの表側に出して設置するため、ジャンパーケーブルを使って配置に従ってRaspberry Piと接続しています。

● Skywriter GPIO接続

Skywriter側	Raspberry Pi側
GND	GND
TRFR	GPIO 27
RESET	GPIO 17
SCL	GPIO 3 / SCL
SDA	GPIO 2 / SDA
VCC	3.3V

● モータードライバとRaspberry Piの接続

端子番号（左上から）	Raspberry Pi側からの接続	端子番号（右上から）	Raspberry Pi側からの接続
FIN	GPIO20（モーター入力）	OUT1	モーターと接続（出力）
RIN	GPIO21（モーター入力）	OUT2	モーターと接続（出力）
VREF	ポジティブ（3.3V）に接続	—	—
GND	グラウンド（電圧0）と接続	—	—
VCC	ドライバ用電源として接続（5V）	—	—

次ページに配線図を用意しました。モータードライバーのVREFからRaspberry Piの17番ピン（3V）につないでいたケーブルはSkywriter HATの接続と重複するため、Raspberry Piの1番ピンに変更しています。

●配線図

すべて接続すると次ページの写真のようになります。

●Skywriter HAT、モータードライバ、Raspberry Piを接続

これまでのSkywriterのプログラムとモータードライバのプログラムを組み合わせてsensor_motor.pyを作ります。

●sensor_motor.py プログラム

sensor_motor.py

```
#!/usr/bin/env python
import skywriter ①
import signal
import os

from gpiozero import Motor ②
import time
import sys

motor = Motor(forward=20, backward=21) ③
second = 3
some_value = 5000
```

次ページへ

```
@skywriter.flick()
def flick(start,finish):
  print('Got a flick!', start, finish)
  if start == "north" and finish == "south":
      print('Forward '+str(second))
      motor.forward(0.5)  ④
      time.sleep(second)
      motor.stop()

  elif start == "south" and finish == "north":
      print('Backward '+str(second))
      motor.backward(0.5)  ⑤
      time.sleep(second)

  motor.stop()

@skywriter.airwheel()
def spinny(delta):
  global some_value
  some_value += delta
  if some_value < 0:
   some_value = 0
  if some_value > 10000:
    some_value = 10000
  print('Airwheel:', some_value/100)

@skywriter.double_tap()
def doubletap(position):
  print('Double tap!', position)

@skywriter.tap()
def tap(position):
  print('Tap!', position)

@skywriter.touch()
def touch(position):
  print('Touch!', position)

signal.pause()
```

①Skywriterのライブラリを読み込みます。

②gpiozeroというライブラリのモーターを制御するMotor関数を定義します。

③Motor関数中で、RaspberryPiに接続したGPIO端子（ここではGPIO20, 21）を定義します。またモーターの作動時間を3秒をデフォルトとします。

④Skywriterで上（north）から下（south）に指を動かすと、モーターを正転させるようにします。

⑤Skywriterで下（south）から上（north）に動かすと、モーターを逆転させるようにします。

このプログラムは、Skywriter HAT上で指を上から下に動かすとモーターが正転します。逆に下から上に動か

Chapter **6**

おしゃべり二足歩行ロボットの作成

すと逆転します。sensor_move.pyは単純にこの動きだけですが、タップや回転などジェスチャーに応じた動きを設定してみてください。

sensor_move.pyを実行します。

```
pi@raspberryai:~/Programs/robot $ python3 sensor_move.py ⏎
Got a flick! north south
Forward 3
Got a flick! south north
Backward 3
```

Skywriter HATで指を上から下に動かすと正転（forward）、逆に下から上へ動かすと逆転（backward）します。上手く動くか試してみてください。

● Skywriter HAT上で指を動かす

● 指を上から下に動かすとモーターが正転した

センサーからの動きをとらえることと、モーターの制御ができるようになりました。

<table>
<tr><td>Section
6-5</td><td></td></tr>
</table>

二足歩行ロボットの ハードウェア組み立て

これまでの耳となるマイク、目となるカメラ、ジェスチャーやモーターの動きを組み合わせてロボットのハードウェアを完成させます。二足歩行の仕組みを作って、いろいろな所を歩き回れるようにします。

▶ ロボット全体の必要部品

　ここまでに用意した目となるカメラ、耳となるマイク、声を発するスピーカー、それに加えて体を持って動き回るためのモーター駆動装置を搭載します。胸にタッチ、ジェスチャーに反応するセンサーを装着しています。

● ロボットのボディ

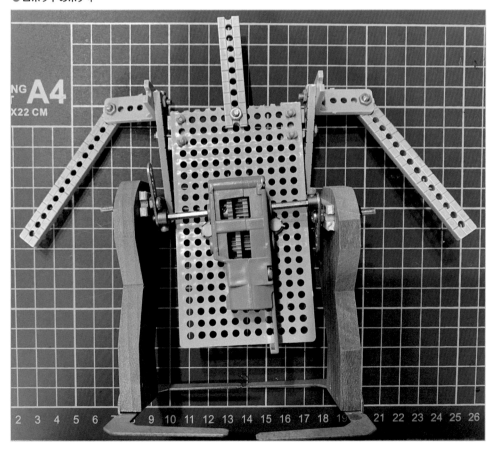

●Raspberry Piと内部部品

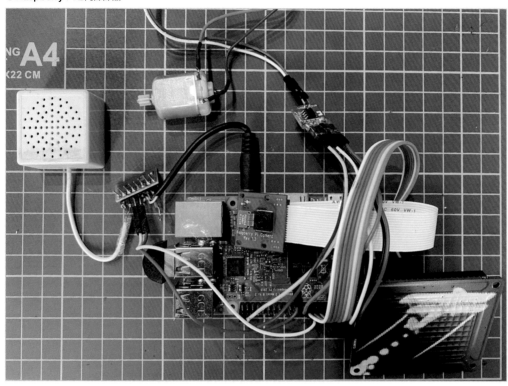

このロボットの作成に必要な部品は次のとおりです。

利用部品名（製品名）

- **Raspberry Pi 4 B** (Raspberry Pi 4 Model B 4GB) ··· 1
- **Raspberry Pi カメラ** (Raspberry Pi カメラモジュール V2) ································· 1
- **Skywriter** (Skywriter HAT) ··· 1
- **アンプキット** (TPA2006使用 超小型D級アンプキット) ·· 1
- **小型スピーカー** (耳もとキューブスピーカー) ··· 1
- **USBマイク** (超小型USBマイク PC Mac用ミニUSBマイク) ··· 1
- **モータードライバ** (BD6211F搭載モータードライバモジュール) ······························· 1
- **DCモーター** (DCモーター FA-130RA) ·· 1
- **ギヤボックス** (タミヤ No.167 シングルギヤボックス 4速タイプ) ······························· 1
- **ユニバーサルプレート** (タミヤ No.157 ユニバーサルプレート) ····························· 1
- **小型バッテリー** (超薄型 モバイルバッテリー) ··· 1
- **ジャンパーケーブル** (ブレッドボード・ジャンパー延長ワイヤケーブル (メス―メス)) ········ 3
- **ジェスチャ・センサー** (Skywriter HAT) ·· 1
- **スピーカージャック** ··· 1
- **ジャンパー線** (ブレッドボード・ジャンパーワイヤ)
- **ロボットの外装など**

▶ ロボットのボディの組み立て

ロボットのボティ、二足歩行の仕組みを組み立てます。

まずタミヤのユニバーサル・プレートなどを使って、ロボットのボディを作ります。

● タミヤ・ユニバーサル・プレート（https://www.tamiya.com/japan/products/70157/）

　ロボットのボディを作ります。ロボットのボディ背面部分に前節で使ったギヤボックスをセットし、二足歩行するためのクランクの機構を設置しています。

● ロボットのボディ

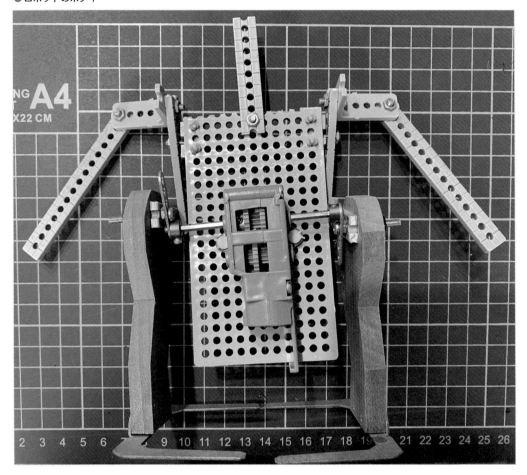

● ギヤボックス、クランクの設置

　二足歩行するロボットの前面と背面はこのようになりました。

● ロボットの前面

● ロボットの背面

次にRaspberry Piを含むモーター、スピーカー、タッチセンサーなどを組み込みます。

●Raspberry Piとロボットの部品群

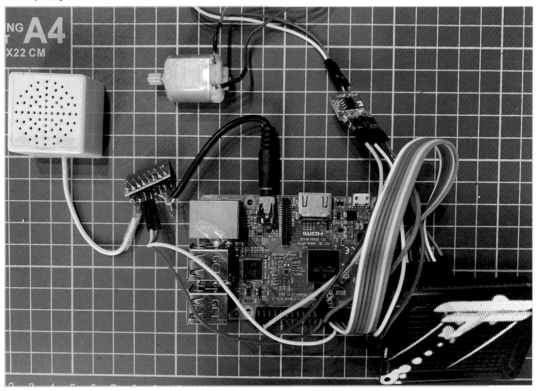

▶ スピーカーの設定

スピーカーから音を出すためにアンプキットを使用します。使用する**TPA2006使用 超小型D級アンプキット**（http://akizukidenshi.com/catalog/g/gK-08161/）は、電源電圧は2.5 〜 5Vとなっており、最大出力は1.45Wまで増幅することができます。

アンプでの音声増幅では**シングルエンド型**という接続方法をとります。右の図のように、信号ラインの一方をGNDにつなぎ、その電圧差を信号化する方法です。供給電圧の制限などがなく、手軽に増幅回路を作ること

●シングルエンド型

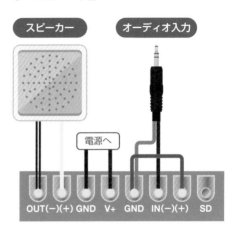

ができます。

　ここでは白い簡易スピーカーのケーブルを引き出し、アンプのOUT（＋）と（ー）にハンダ付けします。ラジオジャックの白いケーブルとGND、オレンジのケーブルとIN（ー）を接続します。また電源（＋）と赤いケーブル（Raspberry Piの3.3Vへ）と、電源（ー）と白いケーブル（GND）もつなぎます。

　スピーカー、アンプ、ラジオジャックなどを接続した様子は次のようになっています。

●**スピーカー、アンプ、ラジオジャックを接続**

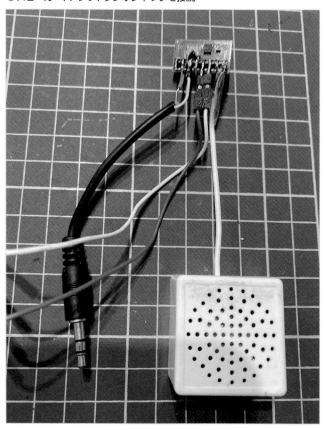

Chapter **6**

おしゃべり二足歩行ロボットの作成

▶ マイクの設定

マイクはRaspberry PiのUSB端子に挿すだけで使えるUSB小型マイクを使用します。
Raspberry PiのUSB端子に、小型マイクを挿し込みます。

● Raspberry Piに小型マイクを接続

マイクとスピーカーを接続したら、Raspberry Piに認識されているか確認・設定を行います。
arecord -lコマンドを実行するとRaspberry Piに接続されたマイクの一覧が表示されます。

```
pi@raspberryai:~/ $ arecord -l ⏎
**** ハードウェアのデバイス CAPTUREのリスト ****
カード 1: Device [USB PnP Sound Device], デバイス 0: USB Audio [USB Audio]
  Subdevices: 1/1
  Subdevice #0: subdevice #0
```

aplay -lコマンドを実行するとRaspberry Piに接続されたスピーカーの一覧が表示されます。

```
pi@raspberryai:~/ $ aplay -l ⏎
**** ハードウェアのデバイス PLAYBACKのリスト ****
カード 0: ALSA [bcm2835 ALSA], デバイス 0: bcm2835 ALSA [bcm2835 ALSA]
  サブデバイス: 7/7
  サブデバイス #0: subdevice #0
  サブデバイス #1: subdevice #1
  サブデバイス #2: subdevice #2
  サブデバイス #3: subdevice #3
  サブデバイス #4: subdevice #4
  サブデバイス #5: subdevice #5
```

```
 サブデバイス #6: subdevice #6
カード 0: ALSA [bcm2835 ALSA], デバイス 1: bcm2835 ALSA [bcm2835 IEC958/HDMI]
  Subdevices: 1/1
  Subdevice #0: subdevice #0
```

マイクがカード 1: デバイス 0:、スピーカーがカード 0: デバイス 0:に設定されていることがわかりました。この設定を元にテストで音声を録音、再生してみます。

arecordコマンドで録音します。-Dhw:1というのは、先に確認したマイク（カード1）を指定しています。test.wavファイルに音を録音します。録音終了は Ctrl + C キーを押します。

aplayでそのファイルを再生します。-Dhw:0というのは先に確認したスピーカー（カード0）を指定しています。

```
pi@raspberryai:~/ $ arecord -f cd -Dhw:1 test.wav ⏎
pi@raspberryai:~/ $ aplay -Dhw:0 test.wav ⏎
```

▶ モーターの設定

ロボットを動かすために、Section 6-3で説明したモーターとモータードライバを使用します。接続方法はSection 6-3を参照してください。

● モーター、ドライバ、RaspberryPiを接続

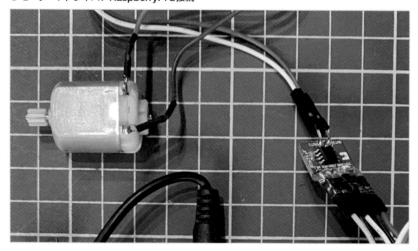

このモーターを、先ほどセットしたギヤセットに設置します。

● モーターをギヤセットに設置

▶ ジェスチャー（モーション）・センサーの設定

　これもSection 6-3で使用したジェスチャー（モーション）・センサー Skywriter HATを使います。ケーブルを使ってRaspberry Piに接続し、センサーをロボットの好きな部分にセットできるようにします。接続方法はSection 6-3と同じです。

　Raspberry　PiとSkywriter HATをケーブルでつないだ写真です。Skywriter HATはもともとRaspberry Piの拡張ボードとしてGPIOピンにそのまま接続できる形になっています。

　ここでは8本のケーブルで、Skywriter HATの内側の2番目から9番目までのピンと、Raspberry Piの3、5、7、9、11、13、15、17番ピン（内側の2番目から9番目のピン）がそれぞれつながるように配線しています。

● Skywriter HATの端子にケーブルをつなぐ

● Raspberry piの写真左下から順につなぐ

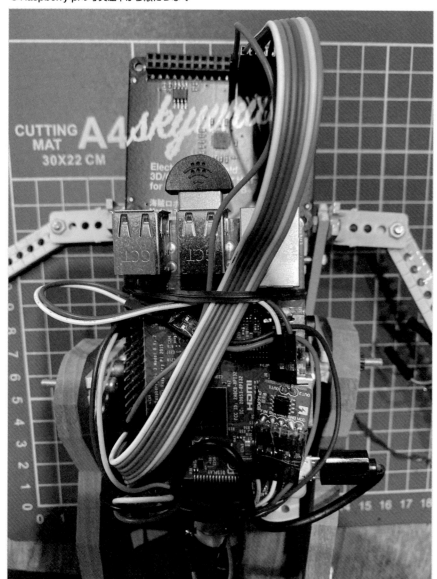

おしゃべり二足歩行ロボットの作成

▶ カメラの設定

Raspberry Pi公式カメラモジュールを接続します。

●カメラモジュールをRaspberry Piに接続

これで、接続するべき部品はすべてRaspberry Piに繋がりました。配線図を示します。

🛑 NOTE

Raspberry Pi の 17 番ピン（3.3V）の共用

Raspberry Piの17番ピン（3.3V）はアンプとSkywriter HATで共用しています。ブレッドボードを利用するか、Raspberry Piの17番ピンにメス―メスのジャンパー線を挿し、反対側のソケットにアンプとSkywriter HATからのジャンパー線をまとめて挿入するなどして、分岐して使ってください。

● ロボットの全体配線図

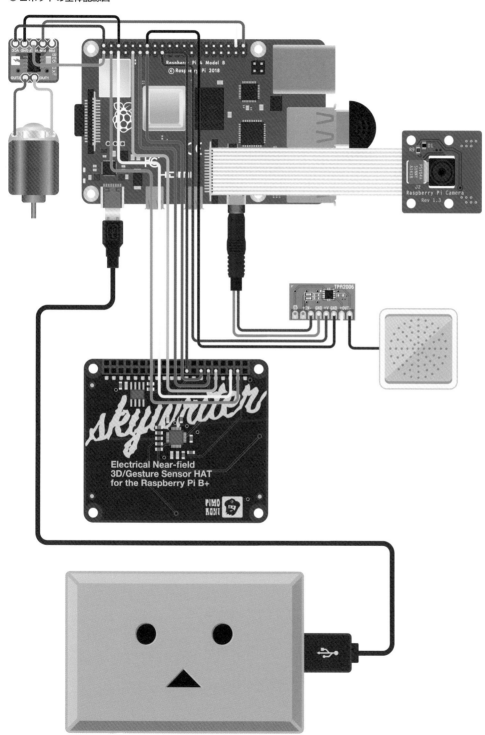

▶ 全体の組み込み

　ロボット背面のギヤセットにモーターを挿し込み、その上にRaspberry Piを載せます。ロボットの背面はこのようになりました。

●ギヤセットにモーターを挿し、背面にRaspberry Piなどを設置

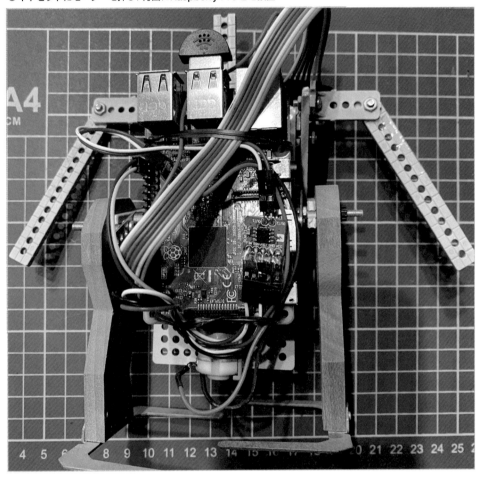

　Raspberry Piの電源となるモバイルバッテリーを前面にセットします。

● 前面にモバイルバッテリーを設置

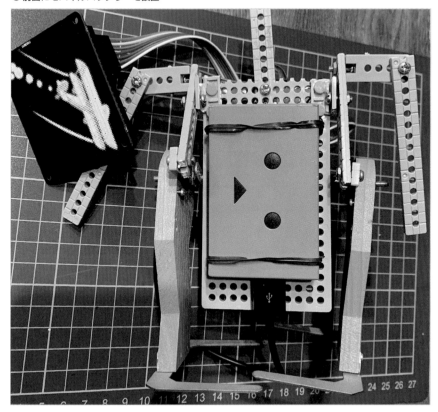

ジェスチャー（モーション）・センサーを前面に設置して操作しやすいようにします。

●タッチ・ジェスチャー（モーション）・センサーを前面に設置

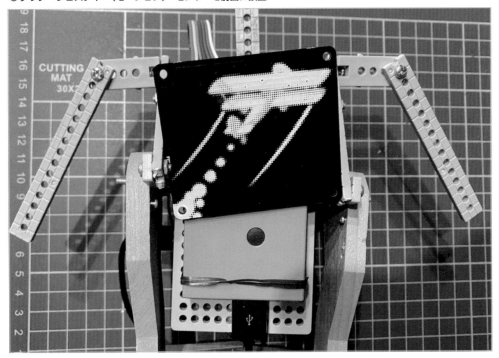

●ロボットの前面

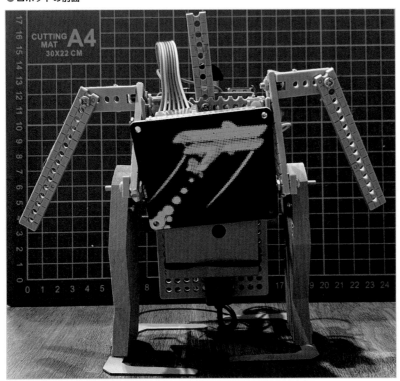

●カメラモジュールも前面に出します

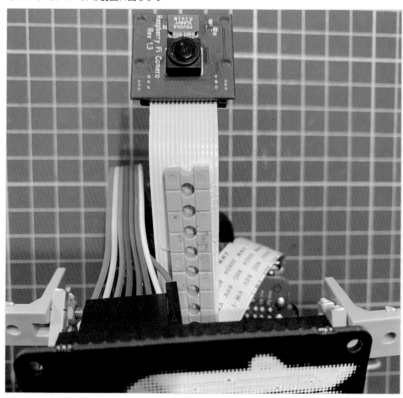

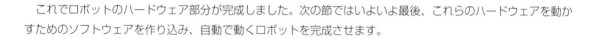

　これでロボットのハードウェア部分が完成しました。次の節ではいよいよ最後、これらのハードウェアを動か
すためのソフトウェアを作り込み、自動で動くロボットを完成させます。

Section 6-6 二足歩行ロボットの AIソフトウェアの完成

作成したハードウェアを動かすためのソフトウェアを用意します。Google AssistantやGoogle Visionなどの AI APIと組み合わせます。ジェスチャー（モーション）などに反応して、声で動き、顔判別、おしゃべりなどもする二足歩行ロボットとして完成させます。

▶ ロボットのハードウェアとソフトウェアの連携

ここまでロボットのハードウェアとして、目となるカメラ、耳となるマイク、声を発するスピーカー、タッチやジェスチャーに反応するセンサー、動き回るためのモーターの仕組みを作りました。

ロボットのハード部分ができたので、ロボットを操作するソフトウェアのプログラムと連携していきます。

● ロボットの各機能とソフトウェア

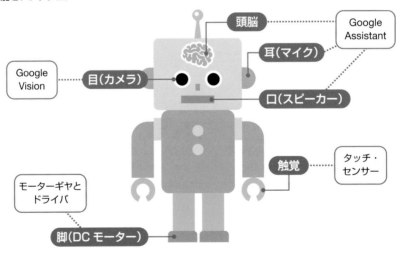

● **使用するAIソフトウェアなど**

- **Google Assistant**
- **Action Package**
- **Google Vision**
- **Skywriter ジェスチャープログラム**
- **二足歩行のためのモータープログラム**

　Google Assistantの拡張機能でカスタムコマンドに対応させます。特別なワードに、このロボットの動きを対応させます。声で指示を出し、カメラにより対象物を判別するためにGoogle Visionを連動させます。

　これで写真のようなハードウェアとソフトウェアを組み合わせた、二足歩行し人の動きや声などに反応するAIロボットを完成させます。

● AI二足歩行ロボット

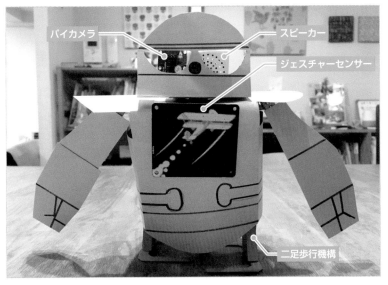

▶ 4つのソフトウェアの組み合わせ

声、音、目、ジェスチャー、動きを連動するために、次のような4つの仕組みを連携させて動かします。

1. Google Assistantを拡張するAction設定ファイルの作成
2. 各実行プログラムの用意
3. Google Push to Talkプログラムのカスタマイズ
4. ジェスチャーに対応させ、自動起動

● ロボットを動かすための4つのプログラム群の流れ

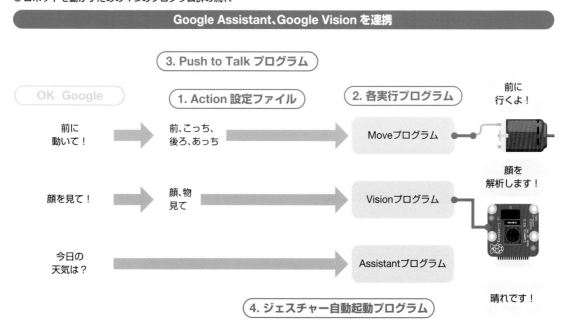

まずGoogle Assistantを拡張するAction設定で、「こっち来て」や「見て」などのコマンドに対応させます。次にモータやカメラの各種プログラムの設定を行います。そしてGoogle Push to Talkをカスタマイズして、それぞれの呼びかけに応じたプログラムを登録します。最後に、ジェスチャーなどからGoogle Assistantなどを動かす仕組みと、Raspberry Piから自動起動するようにして、ロボットのソフトウェアの完成です。
　それでは、順番に設定していきましょう。

▶ 1. Google Assistantを拡張するAction設定ファイルの作成

Section 6-2で使ったGoogle Assistantの機能拡張として「**Action Package**」と呼ばれる会話ファイルを作ります。ロボットを操作する独自のカスタムコマンド（呼びかけ語）を追加して、Raspberry Piからハードウェアを操作するようなプログラムを記述することができます。ここでは次のような組み合わせの言葉と動き、プログラムを連動させます。

Action Package	カスタムコマンド（英語）	カスタムコマンド（日本語）	ロボットの動作
Moveパッケージ actions.move.en.json actions.move.ja.json	Move "HERE", "FORWARD"	「こっち」に動いて、「前」に動いて	モーターを前転
	Move "THERE", "BACK"	「あっち」に動いて、「後ろ」に動いて	モーターを逆転
Visionパッケージ actions.vision.en.json actions.vision.ja.json	Look "FACE"	「顔」を見て	カメラで顔解析
	Look "OBJECT"	「物」を見て	カメラで物体解析
パッケージなしの場合、 Google Assistant機能	What's today's weather? etc.	今日の天気教えて、など	Google Assistant機能により回答

Action Packageというファイルの中に、上記のような言葉と動きの組み合わせをセットします。そのAction PackageをGoogle AssistantとRaspberry Piへ紐付けます。それによりRaspberry Piからカスタムコマンドが使用できるようになります。

》 Action Packageの作成

Action PackageはJSON形式のファイルで定義します。1つの動作（ここでは「Move」や「Look」など）に付き1つずつAction Packageを作成します。また英語と日本語、一組ずつ用意しておく必要があります。

ここではロボットを動かすための「Move」と、画像解析のための「Vision」となるAction Packageの作成例を示しています。

Move Action Packageの作成

● Move英語用ファイル（actions.move.en.json）

```
                                                          actions.move.en.json
{
   "locale": "en",
   "manifest": {
     "displayName": "Move", ①
     "invocationName": "move",
     "category": "PRODUCTIVITY" ②
   },
   "actions": [
```

次ページへ

```
    {
        "name": "com.acme.actions.move", ③
        "availability": {
            "deviceClasses": [
                {
                    "assistantSdkDevice": {}
                }
            ]
        },
        "intent": {
            "name": "com.acme.intents.move", ④
            "parameters": [
                {
                    "name": "number",
                    "type": "SchemaOrg_Number"
                },
                {
                    "name": "direction_target", ⑤
                    "type": "DirectionType"
                }
            ],
            "trigger": { ⑥
                "queryPatterns": [
                    "Move $DirectionType:direction_target" ⑦
                ]
            }
        },
        "fulfillment": {
            "staticFulfillment": {
                "templatedResponse": {
                    "items": [
                        {
                            "simpleResponse": {
                                "textToSpeech": "Moving to $direction_target.↩
raw" ⑧
                            }
                        },
                        {
                            "deviceExecution": {
                                "command": "com.acme.commands.move",
                                "params": {
                                    "lightKey": "$direction_target.raw", ⑨
                                    "number": "$number"
                                }
                            }
                        }
                    ]
                }
            }
        }
    }
```

次ページへ

```
        }
        ],
        "types": [
        {
            "name": "$DirectionType",
          "entities": [
              {
                "key": "DIRECTION",
                "synonyms": [
                    "forward", ⑩
                    "backward",
                    "here",
                     "there"
                ]
                }
                ]
        }
        ]
}
```

①言語設定（local）として英語（en）を指定します。
②適当なカテゴリーを選びます。（PRODUCTIVITYのままで構いません。）
③このパッケージにcom.acme.actions.moveなどの名前を付けます。
④ある言葉に反応させるインテント（intent）を定義します。
⑤方向のタイプ（direction_target）のパラメータを定義します。
⑥このAction Packageでトリガー（triger）となる言葉を定義します。
⑦実際に発せられる言葉の定義です。$DirectionTypeの部分が先ほど定義したパラメータです。
⑧トリガーに反応したときに、返す言葉（response）です。
⑨デバイスを動かす際に使うパラメータです。
⑩DirectionTypeで実際に反応する「forward」「here」などの言葉を列挙します。

同様に日本語用のAction Packageも作成します。

● Move日本語用ファイル（actions.move.ja.json）

actions.move.ja.json

```
{
    "locale": "ja", ①
    "manifest": {
      "displayName": "ムーブ",
      "invocationName": "move",
      "category": "PRODUCTIVITY"
    },
```

次ページへ

```
"actions": [
  {
      "name": "com.acme.actions.move",
      "availability": {
          "deviceClasses": [
              {
                  "assistantSdkDevice": {}
              }
          ]
      },
      "intent": {
          "name": "com.acme.intents.move",
          "parameters": [
              {
                  "name": "number",
                  "type": "SchemaOrg_Number"
              },
              {
                  "name": "direction_target",
                  "type": "DirectionType"
              }
          ],
          "trigger": {
            "queryPatterns": [
                "$DirectionType:direction_target に動いて"  ②
            ]
          }
      },
      "fulfillment": {
          "staticFulfillment": {
              "templatedResponse": {
                  "items": [
                          {
                          "simpleResponse": {
                              "textToSpeech": "$direction_target.raw に ⏎
動きます！"  ③
                          }
                          },
                          {
                          "deviceExecution": {
                                  "command": "com.acme.commands.motor",
                                  "params": {
                                      "lightKey": "$direction_target.raw",
                                  "number": "$number"
                                  }
                          }
                          }
                  ]
                  }
              }
          }
      }
```

次ページへ

```
                }
            }
        ],
        "types": [
        {
            "name": "$DirectionType",
          "entities": [
                {
                    "key": "DIRECTION",
                    "synonyms": [
                        "前", ④
                        "後",
                        "後ろ",
                        "こっち",
                        "あっち"
                    ]
                }
            ]
        }
        ]
}
```

①言語設定（local）として英語（ja）を指定します。

②日本語で「前に動いて」「こっちに動いて」などを起動ワードとします。

③カスタムコマンドが起動されたときに、日本語で「前に動きます！」などと返答するようにします。

④「前」、「こっち」などを動く方向として認識するよう定義します。

Vision Action Package の作成

「見て」と発したときにVisionプログラムを起動するのためのVision Action Packageを定義します。

●Vision英語用ファイル（actions.vision.en.json）

actions.vision.en.json

```
{
    "locale": "en",
    "manifest": {
        "displayName": "Vision",
        "invocationName": "vision",
        "category": "PRODUCTIVITY"
    },
    "actions": [
        {
            "name": "com.acme.actions.vision", ①
            "availability": {
                "deviceClasses": [
                    {
                        "assistantSdkDevice": {}
```

次ページへ

```
                    }
                ]
            },
            "intent": {
                "name": "com.acme.intents.vision",
                "parameters": [
                    {
                        "name": vision_target", ②
                        "type": "VisionType"
                    }
                ],
                "trigger": {
                  "queryPatterns": [
                        "Look at $VisionType:vision_target" ③
                    ]
                }
            },
            "fulfillment": {
                "staticFulfillment": {
                    "templatedResponse": {
                        "items": [
                                {
                                "simpleResponse": {
                                        "textToSpeech": "Looking at $vision_target. ⏎
raw" ④
                                }
                        },
                                {
                                "deviceExecution": {
                                        "command": "com.acme.commands.vision",
                                        "params": {
                                            "lightKey": "$vision_target"
                                        }
                                }
                                }
                        ]
                    }
                }
            }
        }
    ],
    "types": [
        {
            "name": "$VisionType",
            "entities": [
                {
                    "key": "VISION", ⑤
                    "synonyms": [
                            "face",
                            "faces",
```

次ページへ

```
                    "label",
                    "labels",
                    "object",
                    "objects",
                    "text"
                ]
            }
        ]
    }
    ]
}
```

①Visionパッケージにcom.acme.actions.moveなどの名前を付けます。
②画像解析のタイプ（vision_target）のパラメータを定義します。
③トリガーとなる言葉を定義します。
④聞き取れたときに反応する言葉を定義します。
⑤VisionTypeで実際に反応する「face」「object」などの言葉を列挙します。

最後に日本語用のactions.vision.ja.jsonを作成します。

●Vision日本語用ファイル（actions.vision.ja.json）

actions.vision.ja.json

```
{
    "locale": "en",
    "manifest": {
        "displayName": "ビジョン",
        "invocationName": "vision",
        "category": "PRODUCTIVITY"
    },
    "actions": [
        {
            "name": "com.acme.actions.vision",
            "availability": {
                "deviceClasses": [
                    {
                        "assistantSdkDevice": {}
                    }
                ]
            },
            "intent": {
                "name": "com.acme.intents.vision",
                "parameters": [
                    {
                        "name": vision_target,
                        "type": "VisionType"
```

次ページへ

```
                    }
                ],
                "trigger": {
                    "queryPatterns": [
                        "$VisionType:vision_target を見て" ①
                    ]
                }
            },
        "fulfillment": {
            "staticFulfillment": {
                "templatedResponse": {
                    "items": [
                        {
                            "simpleResponse": {
                                "textToSpeech": "$vision_target.raw を解析します" ②
                            }
                        },
                        {
                            "deviceExecution": {
                                "command": "com.acme.commands.vision",
                                "params": {
                                    "lightKey": "$vision_target"
                                }
                            }
                        }
                    ]
                }
            }
        }
    }
],
"types": [
    {
        "name": "$VisionType",
        "entities": [
            {
                "key": "VISION", ③
                "synonyms": [
                    "顔",
                    "表情",
                    "物",
                    "物体",
                    "テキスト",
                    "文字"
                ]
            }
        ]
    }
]
}
```

①日本語で「顔を見て」や「物を見て」などを起動ワードとします。

②カスタムコマンドが起動されたときに、日本語で「顔を解析します」などと返答するようにします。

③「顔」や「物」などの解析するものを認識するよう定義します。

》 Action Packageの登録

動きと画像解析のAction Packageができたので、これをRaspberryPiに登録します。

Action Packageのファイルを登録するために、「**gactions**」という登録ツールが用意されています。gactionsのサイト（https://developers.google.com/actions/tools/gactions-cli）からツールをダウンロードします。

● gactionsツールのダウンロード（https://developers.google.com/actions/tools/gactions-cli）

Raspberry Pi用のツールなので「Linux」の「arm」をダウンロードします。パソコンでこのファイルをダウンロードしたらRaspberry Piへ転送して/home/pi/Programsフォルダ内に保存してください。

● gactionsのLinux armのダウンロード

Raspberry Piで直接ダウンロードする場合は、次のようにコマンドを実行します。cdコマンドでホームディレクトリのProgramsディレクトリへ移動して、wgetコマンドを実行します。

```
$ cd ~/Programs
$ wget https://dl.google.com/gactions/updates/bin/linux/arm/gactions ⏎
```

gactionsツールをダウンロードしたら、先ほど作成したAction Packageの英語用・日本語用ファイルを登録していきます。gactions updateコマンドで、先ほど作ったファイル（actions.move.en.json、actions.move.ja.json、actions.vision.en.json、actions.vision.ja.json）を指定します。--projectに続けて指定するプロジェクト名は、Chapter 6-2で登録した名前（ここでは「raspberryai」）を指定してください。

```
$ sudo ./gactions update --action_package actions.move.en.json --action_package
actions.move.ja.json --project raspberryai --action_package actions.vision.en.json
--action_package actions.vision.ja.json --project raspberrya ⏎
```

コマンドを実行すると、初期登録としてGoogle Cloudの認証を促されます。Visit this URL:に続けてURLが表示されるので、それをコピーしてブラウザのURL欄に貼り付けてアクセスし、認証を行います。

```
pi@raspberryai:~/Programs $  sudo ./gactions update --action_package actions.move.
en.json --action_package actions.move.ja.json --action_package actions.vision.en.
json --action_package actions.vision.ja.json --project raspberryai ⏎
Gactions needs access to your Google account. Please copy & paste the URL below
into a web browser and follow the instructions there. Then copy and paste the
authentication code from the browser back here.
Visit this URL: https:// accounts.google.com/…
```

```
Enter authorization code:
```

● ブラウザでURLにアクセスし、Googleにログオンします

● 認証が通った後のコードをコピーします

　コピーしたコードを先ほどのコマンド画面に戻って、「Enter authorization code:」にペーストします。これでアプリケーションの登録が完了します。Google Cloudへ登録され、それがRaspberry Pi上に保存されて接続できるようになりました。

● 認証コードをペーストします

```
pi@raspberryai:~/Programs $  sudo ./gactions update --action_package actions.move.
en.json --action_package actions.move.ja.json --action_package actions.vision.en.
json --action_package actions.vision.ja.json --project raspberryai ▱
Gactions needs access to your Google account. Please copy & paste the URL below
into a web browser and follow the instructions there. Then copy and paste the
authentication code from the browser back here.
Visit this URL: https:// accounts.google.com/…
Enter authorization code:
XXX XXX XXX
Your app for the Assistant for project raspberryai was successfully updated with
your actions. Visit the Actions on Google console to finish registering your app
and submit it for review at https://console.actions.google.com/project/raspberryai/
overview
```

　次にgactions testコマンドで、作成したAction Packageをテスト登録します。パッケージ名やプロジェクト名はさきほどと同じです。

　これは1ヶ月間有効のテスト登録なので、1ヶ月おきに登録し直す必要があります。認証が切れていたら、再度同じ手順で登録してください。

　次のように表示されたらカスタムコマンドのパッケージの登録は完了です。

```
pi@raspberryai:~/Programs $ ./gactions test --action_package actions.move.en.json
--action_package actions.move.ja.json --action_package actions.vision.en.json
--action_package actions.vision.ja.json --project raspberryai ▱
Pushing the app for the Assistant for testing…
Your app for the Assistant for project raspberryai is now ready for testing on
Actions on Google enabled devices or the Action Web Simulator at https://console.
actions.google.com/project/raspberryai/simulator/
```

　これでAction PackageのGoogle CloudとRaspberry Piでの登録が完了しました。

▶ 2. 各実行プログラムの用意

　Actionが設定できたら、そのコマンドから実行されるプログラムを用意します。ホームディレクトリ内のProgamsディレクトリにrobotディレクトリを作成し、その中に各プログラム（move.pyとcamera_direct.py）を格納（コピー）します。

```
pi@raspberryai:~/Programs $  mkdir robot/ ▱
```

```
pi@raspberryai:~/Programs $  cp move.py camera_direct.py robot/ ⏎
pi@raspberryai:~/Programs $  ls robot/ ⏎
move.py
camera_detect.py
```

》 ムーブ（動き）プログラム

Section 6-4で作成したmove.pyプログラムを使います。先ほど設定したAction設定に応じて、move.pyプログラムを次の表のように起動させます。これにより「こっち」や「あっち」などの言葉に合わせてモーターを回すプログラムを連動させます。

● 各Actionコマンドに合わせたmove.pyプログラムとパラメータ

カスタムコマンド（日本語）	ロボットの動作	プログラム、パラメータ
「こっち」に動いて、「前」に動いて	モーターを3秒間、前転	move.py forward 3
「あっち」に動いて、「後ろ」に動いて	モーターを3秒間、後転	move.py back 3

》 Vision（画像解析）プログラム

ロボットに付けたカメラから写真撮影とGoogle Visionの起動を行います。これはSection 6-3で設定したGoogle Visionプログラムのcamera_detect.pyと連動させます。「顔」というとfacesパラメータから表情判別を行い、「物」と言うとlabelsパラメータを指定し物体解析を行うようにします。

● 各Actionコマンドに合わせたcamera_detect.pyプログラムとパラメータ

カスタムコマンド（日本語）	ロボットの動作	プログラム、パラメータ
「顔」を見て	カメラで表情解析	camera_detect.py faces
「物」を見て	カメラで物体解析	camera_detect.py labels
「文字」を見て	カメラでテキスト解析	camera_detect.py text

▶ 3. Push toTalkプログラムのカスタマイズ

Actionの設定、実際の各プログラムの準備ができたので、このアクションに合わせて、Google Assistantを動かせるようにします。Section 6-2でインストールしたGoogle Assistantの中の**Push to Talk**というプログラムをカスタマイズします。

Push to Talkプログラムはホームディレクトリのassistant-sdk-python内に格納されています。cdコマンドで次のように移動して、pushtotalk.pyをpushtorobot.pyなどと別名でコピーし、viで編集します。

```
pi@rasbeberryai:~/ $ cd assistant-sdk-python/google-assistant-sdk/googlesamples/
assistant/grpc/ ⏎
pi@rasbeberryai:~/ $ cp pushtotalk.py pushtorobot.py ⏎
pi@rasbeberryai:~/ $ vi pushtorobot.py ⏎
```

囲み部分を既存ファイルに追加します。

● pushtorobot.pyの追加部分

```
                                                              pushtorobot.py
import os ①
import re

...

device_handler = device_helpers.DeviceRequestHandler(device_id)

@device_handler.command('com.example.commands.move') ②
def move(direction):
    logging.info('Moving %' % direction)
    if direction in ("こっち","前"): ③
                direct_command = "forward"
    elif direction in ("あっち","後"):
                direct_command = "back"

    os.system('python3 /home/pi/Programs/robot/move.py '+direct_command+' 3') ④

@device_handler.command('com.example.commands.vision') ⑤
def vision(vision):
    logging.info('Look at %' % vision)
    if vision in ("顔"): ⑥
                vision_command = "faces"
    elif vision in ("物"):
                vision_command = "labels"

    os.system('python3 /home/pi/Programs/robot/camera_detect.py' + vision_
command) ⑦

...
```

①必要なライブラリ(os, re)を追加します。

②Moveのコマンド（com.acme.commands.move）があったならば、実行されるプログラムを記述します。

③取得された言葉（"前"，"後"）に応じて、プログラムに適用するパラメータ(direct_command)を定義します。

④ムーブプログラム(move.py)にパラメータ(direct_command)を適用して実行します。

⑤Visionのコマンド（com.acme.commands.vision）による実行部分です。

⑥"顔"、"物"などの言葉に応じて、vision_commandのパラメータをセットします。

⑦camera_direct.pyにパラメータvision_commandを適用して、実行します。

これでPush to Talkプログラムのカスタマイズができました。

▶ 4. ジェスチャー（モーション）の対応と自動起動設定

最後に、ロボットの各機能をジェスチャー（モーション）・センサーで検知した動作から実行するようにします。そのためのジェスチャーに応じたプログラムを作成します。

》ジェスチャー・プログラムからの実行

Section 6-4で使用したジェスチャー（モーション）センサー Skywriter HATのプログラム sensor_move.py を使用して、新たな機能を付け加えます。sensor_move.pyをrobotディレクトリ内にsensor_robot.pyと別名でコピーし、viで編集します。

```
pi@rasbeberryai:~/ $ cd /home/pi/Programs/
pi@rasbeberryai:~/Programs $ cp sensor_move.py robot/sensor_robot.py
pi@rasbeberryai:~/Program/robots $ vi sensor_robot.py
```

ジェスチャー（モーション）センサーではシングルタップ、ダブルタップに加え上下、左右の動きを捉えられます。sensor_robot.pyには次のような動きに合わせて、各プログラムを実行できるようにします。

● ジェスチャーに合わせたsensor_robot.pyから起動されるプログラム例

ジェスチャーの種類	ロボットの動作	プログラム、パラメータ
ダブルタップ	Google Assistantを起動	pushtorobot.py
シングルタップ	カメラで物体解析	camera_detect.py labels
指を上から下のジェスチャー	前に動く（モーターを3秒間、前転）	move.py forward 3
指を下から上のジェスチャー	後ろに動く（モーターを3秒間、後転）	move.py back 3

ロボットをジェスチャーで動かすsensor_robot.pyプログラムは次のようになります。元のプログラムから追加で機能を足した部分を囲みで示しています。

● sensor_robot.py 追記部分

sensor_robot.py

```
#!/usr/bin/env python
import skywriter
import signal
import os

from gpiozero import Motor
import time
import sys

motor = Motor(forward=20, backward=21)
second = 3
some_value = 5000
```

次ページへ

Chapter **6**

おしゃべり二足歩行ロボットの作成

```python
@skywriter.flick() ①
def flick(start,finish):
  print('Got a flick!', start, finish)
  if start == "north" and finish == "south": ②
      print('Go forward '+str(second))
      motor.forward(0.5)
      time.sleep(second)
      motor.stop()

  elif start == "south" and finish == "north": ③
      print('Backward '+str(second))
      motor.backward(0.5)
      time.sleep(second)

  motor.stop()

@skywriter.airwheel()
def spinny(delta):
  global some_value
  some_value += delta
  if some_value < 0:
   some_value = 0
  if some_value > 10000:
    some_value = 10000
  print('Airwheel:', some_value/100)

@skywriter.double_tap()
def doubletap(position):
  print('Double tap!', position)
  os.system("python3 /home/pi/Programs/robot/pushtorobot.py --once") ④

@skywriter.tap() ⑤
def tap(position):
  print('Tap!', position)
  os.system('python3 /home/pi/Programs/robot/camera_detect.py labels')

@skywriter.touch()
def touch(position):
  print('Touch!', position)

signal.pause()
```

①フリック（なでる動き）したときに、ロボットを前後に動かすようにします。

②上（north）から下（south）にフリックしたときに、モーターを前転させます。

③下（south）から上（north）にフリックしたときに、モーターを逆転させます。

④ダブルタップしたときに、Google Assistantを実行するようにします。

⑤シングルタップしたときに、Google Visionの物体解析を実行するようにします。

≫ プログラムの自動起動

最後に、プログラムをRaspberry Pi起動時に自動で始めるようにして、ロボットのソフトウェアの完成です。

自動起動のための設定ファイルを2つ用意します。まず各種設定、プログラムを起動させるシェルプログラムstartrobot.shを作成します。

● シェルプログラム startrobot.sh

startrobot.sh

```
#!/bin/bash --rcfile
source /home/pi/env/bin/activate
export GOOGLE_APPLICATION_CREDENTIALS=/home/pi/xxx.json
cd /home/pi/Programs/robot
python sensor_robot.py
```

このシェルプログラムを、Raspberry Pi起動時に自動的に立ち上がるようサービス設定します。自動起動として次のサービス・ファイルstartrobot.serviceを作成します。

● 自動起動ファイル startrobot.service

startrobot.service

```
Description=Start Robot

[Service]
ExecStart=sudo /bin/bash /home/pi/robot/startrobot.sh
WorkingDirectory=/home/pi/robot
Restart=always
User=pi

[Install]
WantedBy=multi-user.target
```

startrobot.serviceファイルをcpコマンドで/etc/systemd/system/以下にコピーします。コピーするには管理者権限が必要です。

```
pi@raspberryai4:~ $ sudo cp startrobot.service /etc/systemd/system/ ⏎
```

systmctlコマンドでシステムへの登録を行います。

```
pi@raspberryai4:~ $ sudo systemctl enable startrobot.service ⏎
pi@raspberryai4:~ $ sudo systemctl start startrobot.service ⏎
```

登録後、systemctl statusコマンドを実行してactiveとなっていたら自動登録完了です。

Chapter
6

おしゃべり二足歩行ロボットの作成

283

　これでロボットのソフトウェアは完成です。ロボットのハード、ソフトが完成したので、動かしてみましょう。Raspberry Piを再起動させて、各プログラムが自動で立ち上がり、ロボットを動かすことができるかどうか確認します。

　ロボットの胸の部分をダブルタップすると、音声を聞き始めます。

　「こっち動いて」というと前進し、「あっち動いて」で後退します。

　「顔を見て」でカメラから写真を撮り、写っている顔の表情を判定して、答えてくれます。

　ジェスチャーで指を前後に動かしても、それに合わせて動いてくれます。

　どうでしょうか。Raspberry Piを使った、二足歩行のおしゃべりロボットができました。ここまでに使用したGoogle Assistantによる「聞いてそれに応える」AI技術、Google Visionによる「見て、物体や顔を判別する」認識技術、モーションセンサーによる触覚や動きの技術。これらの機能を使えば、ほかにもロボットにさまざまなことをさせられるようになるので、自分なりに工夫して作ってみてください。

▶ 本書で扱った部品・製品一覧

	品名（製品名）	製品詳細・購入サイト等
Chapter3	Raspberry Pi 4 B （Raspberry Pi 4 Model B 4GB）	https://www.switch-science.com/catalog/5680/
	小型スピーカー（LC-dolidaポータブルスピーカー ミニ 小型 ステレオ大音量 3.5mmジャック）	https://www.amazon.co.jp/dp/B072JMHJNW
	USBマイク （超小型USBマイク PC Mac用ミニUSBマイク）	https://www.amazon.co.jp/dp/B073QPLKRN
	LED（3mm赤色LED）	https://akizukidenshi.com/catalog/g/gl-11577/
	ジャンパーケーブル（ブレッドボード・ジャンパー延長ワイヤケーブル（メス—メス））	https://akizukidenshi.com/catalog/g/gP-03474
Chapter4	Raspberry Pi Zero W（Raspberry Pi Zero W）	https://www.switch-science.com/catalog/3200/
	Seeed ReSpeaker Hat （ReSpeaker 2-Mics Pi HAT）	https://www.switch-science.com/catalog/3931/
	小型LCDディスプレイ （GROVE - I2C OLEDディスプレイ128×64）	https://www.switch-science.com/catalog/829/
	USBマイク（超小型USBマイク PC Mac用ミニUSBマイク）	https://www.amazon.co.jp/dp/B073QPLKRN
	リチウムポリマー電池 （リチウムイオンポリマー電池 3.7V 400mAh）	https://www.sengoku.co.jp/mod/sgk_cart/detail.php?code=EEHD-4YZL
	ジャンパー線（ブレッドボード・ジャンパーワイヤ）	https://akizukidenshi.com/catalog/g/gP-00288/
Chapter5	Raspberry Pi 4 B （Raspberry Pi 4 Model B / 4GB）	https://www.switch-science.com/catalog/5680/
	Raspberry Pi カメラ （Raspberry Pi カメラモジュール V2）	https://www.switch-science.com/catalog/2713/
	人感センサ （焦電型赤外線（人感）センサーモジュール）	https://akizukidenshi.com/catalog/g/gM-09002/
	Raspberry Pi用小型ディスプレイ（7インチ IPS 1024*600 Raspberry Pi用ディスプレイ）	https://www.amazon.co.jp/dp/B01GZXMIUU
	小型バッテリー（超薄型 モバイルバッテリー）	https://www.amazon.co.jp/dp/B00OXPIE56
	ジャンパーケーブル（ブレッドボード・ジャンパー延長ワイヤケーブル（メス—メス））	https://akizukidenshi.com/catalog/g/gP-03474
Chapter6	Raspberry Pi 4 B （Raspberry Pi 4 Model B / 4GB）	https://www.switch-science.com/catalog/5680/
	Raspberry Pi カメラ （Raspberry Pi カメラモジュール V2）	https://www.switch-science.com/catalog/2713/
	Skywriter（Skywriter HAT）	https://www.switch-science.com/catalog/3172/
	アンプキット （TPA2006使用　超小型D級アンプキット）	https://akizukidenshi.com/catalog/g/gK-08161
	小型スピーカー（耳もとキューブスピーカー）	100円均一ショップなどで購入
	USBマイク（超小型USBマイク PC Mac用ミニUSBマイク）	https://www.amazon.co.jp/dp/B073QPLKRN
	モータードライバ （BD6211F搭載モータードライバモジュール）	https://www.switch-science.com/catalog/1064/
	DCモーター（DCモーター FA-130RA）	https://akizukidenshi.com/catalog/g/gP-06437/
	ギヤボックス（タミヤ No.167 シングルギヤボックス 4速タイプ）	https://www.tamiya.com/japan/products/70167/
	ユニバーサルプレート （タミヤ No.157 ユニバーサルプレート）	https://www.tamiya.com/japan/products/70157/
	小型バッテリー（超薄型 モバイルバッテリー）	https://www.amazon.co.jp/dp/B00OXPIE56
	ジャンパーケーブル（ブレッドボード・ジャンパー延長ワイヤケーブル（メス—メス））	https://akizukidenshi.com/catalog/g/gP-03474
	ジャンパー線（ブレッドボード・ジャンパーワイヤ）	https://akizukidenshi.com/catalog/g/gP-00288/

※すべて記事執筆時点での情報です。廃番になったり販売会社での取り扱いがなくなったりすることがあります。

INDEX

■ 著者紹介

よしだ　けんいち
吉田　顕一

慶應義塾大学 理工学部機械工学科、同大学院を卒業後、大手ソフトウェア会社、米IT企業などに勤める。Arduino
やRaspberry Piを使った電子工作に出会い、小学生の子どもと共にIoT工作を始める。Maker FaireやCEATEC
などの展示会に多数出展、もの作りコンテスト、LINE Awards等でIoT作品が各賞を受賞。大手メーカー Webサ
イトにて、M5StackやRaspberry Piを使った電子工作に関する記事を連載中。著書に「Raspberry Pi + AI 電子
工作 超入門」(ソーテック社)。

▌ **サンプルプログラムダウンロード**
書籍内で解説したサンプルプログラムの一部などを、
次のサポートページよりダウンロードできます。
▼本書のサポートページURL
http://www.sotechsha.co.jp/sp/1288/

ラ ズ ベ リ ー ・ パ イ
Raspberry Pi ＋ AI
電子工作超入門　実践編

2021年10月31日　初版　第1刷発行

著　　　　者	吉田顕一	
カバーデザイン	広田正康	
発　行　人	柳澤淳一	
編　集　人	久保田賢二	
発　行　所	株式会社ソーテック社	
	〒102-0072　東京都千代田区飯田橋4-9-5　スギタビル4F	
	電話 (注文専用) 03-3262-5320　FAX 03-3262-5326	
印　刷　所	大日本印刷株式会社	